中国能源安全及其与石油国家关系

CHINA´S ENERGY SECURITY and Relations with Petrostates

[俄] 安娜·库捷列娃 (Anna Kuteleva) 著

中国石油集团国家高端智库研究中心 译

石油工业出版社

图书在版编目（CIP）数据

中国能源安全及其与石油国家关系 /（俄罗斯）安娜·库捷列娃著；中国石油集团国家高端智库研究中心译. —北京：石油工业出版社，2023. 12

书名原文：China's Energy Security and Relations with PetroStates

ISBN 978-7-5183-5727-7

Ⅰ. ①中… Ⅱ. ①安…②中… Ⅲ. ①能源—国家安全—研究—中国 Ⅳ. ①TK01

中国版本图书馆CIP数据核字（2022）第200770号

China's Energy Security and Relations with PetroStates
by Anna Kuteleva
ISBN: 978-0-367-65132-9

中国能源安全及其与石油国家关系
［俄］安娜·库捷列娃　著
中国石油集团国家高端智库研究中心　译

出版发行：石油工业出版社
（北京市朝阳区安华里二区 1 号楼 100011）
网　　址：www.petropub.com
编 辑 部：（010）64523609　图书营销中心：（010）64523633
经　　销：全国新华书店
印　　刷：北京中石油彩色印刷有限责任公司

2023年12月第1版　2023年12月第1次印刷
710毫米 × 1000 毫米　开本：1/16　印张：13.5
字数：130千字

定　价：78.00元
（如发现印装质量问题，我社图书营销中心负责调换）

《中国能源安全及其与石油国家关系》

编译委员会

P R E F A C E

前言（中文版）

今天，我们已经开启了以绿色低碳为方向的能源转型进程，但是我们仍然无法想象没有石油的生活会是什么样子，因为石油在我们的社会体系中已经根深蒂固，石油仍然是我们生活的主要动力来源。在能源转型过程中，没有哪个国家比中国更重要。在这个经济起伏不定、社会动荡不安、资源竞争加剧、全球气候变化后果日益严重的时代，了解中国如何设想有石油的世界和设想没有石油的世界，对理解迅速演变的全球能源格局至关重要。中国将继续在全球能源格局中发挥核心作用，中国与石油国家的关系在能源转型的大背景下不断演变，因此理解国际能源政治的社会逻辑变得至关重要。本书详细解读中国的双边能源关系，揭示了其中的复杂性，并提出了需要政策制定者、研究人员和学生关注的一些根本问题。

本书研究涵盖的时间段为2005年至2017年，书稿完成于新冠疫情出现之前，也早于俄乌冲突的爆发。从2017年至2023年，中国、哈萨克斯坦、俄罗斯以及世界其他国家经历了巨大的社会、经济和政治变革，然而，中、哈、俄三国对石油及石油在各自社会经济和政治领域所发挥的作用的看法并没有根本改变，且原有观念更加根深蒂固。

中国能源范式的核心是发展理念。能源资源，特别是矿物燃料的供应保障，被看作是发展的先决条件。中国官员认为中国积极参与全球能源治理，不仅有利于中国，也有利于所有参与方，中国的能源消耗与全球北方国家相比是负责任的和适度的，并强调中国最近在“绿色”和“清洁”能源开发领域取得的成就，展示了国家主导的环保主义。习近平主席在2021年初的第75届联合国大会上发表讲话时宣布，中国计划到2030年实现碳达峰，到2060年实现碳中和。这一承诺表明，中国致力于履行减缓气候变化的承诺，但没有提及如何解决其最紧迫的能源安全问题。

石油仍然是唯一可行的、可以满足中国日益增长的运输和工业需求的一次燃料。即使2020年疫情严重影响全球对化石燃料需求时，中国的石油需求仍然强劲。大多数预测数据显示，中国石油进口量将在近期或不远的未来有所增加。在这样的背景下，中国仍然坚持“国内优先”原则，并通过投资增强其控制对外资源依存度的能力。

中国的金融政策和外交政策支持国有石油公司，为其提供了诸多机会，使得这些公司能够将大量海外生产的石油运回国内。中国石油天然气集团有限公司、中国石油化工集团有限公司和中国海洋石油集团有限公司，在三十多个国家/地区运营，在至少二十多个国家持有权益产量。中国在支持国有公司和扩大能源外交范围的同时，主要关注石油的可获取性，但无意彻底改变其安全供给的途径。就石油而言，中国不愿用相互依存替代自力更生，并避免与石油出口国建立战略联盟。

尽管中国对石油的需求不断增长，但是俄罗斯直到21世纪最初十年末，才与中国签订长期协议。当时，许多观察家认为，俄罗斯和中国的发展战略趋同，这将为互利的能源合作奠定坚实的基础。然而，从俄罗斯到中国的直达输油管道直到2011年才建成，俄中之间相对稳定的能源合作是2013年之后才开始慢慢出现的。到2014年底，俄罗斯国家石油管道运输公司（Transneft）在东西伯利亚—太平洋石油管道（ESPO）中增建了三个输油站，提高了2011年建成管道输送能力。一年后，一条平行管道建成接入最初的管道。在中国推动下，ESPO支线的输送能力扩大，中国从俄罗斯获得了超过5000万吨油当量的石油，占中国进口总量的14%，占俄罗斯出口总量的18%。2016年，俄罗斯超过沙特阿拉伯，成为中国最大的石油供应国，而中国超过德国成为俄罗斯石油的最大买家。

21世纪第二个十年中期，俄罗斯代表希望ESPO能将“中国与俄罗斯绑在一起”，但这一愿望并没有实现。相反，中国在俄罗斯和沙特阿拉伯之间保持平衡。2020年，俄罗斯与沙特阿拉伯的博弈引发的油价暴跌给中国带来了巨大的经济利益。作为全球第二大石油储备国，中国在油价暴跌时买入并储存廉价石油，在市场复苏时卖出石油获利。此外，中国仍不愿接受俄罗斯提出的与石油挂钩的天然气定价机制，并在21世纪20年代初就西伯利亚电力（Power of Siberia）天然气管道项目的供应合同进行激烈的谈判。

总而言之，中国仅仅将俄罗斯视为商业伙伴。在俄乌冲突发生之后，中国可以尽可能多地购买俄罗斯石油，以满足自己经济发展的需要。因此，对中国而言，与俄罗斯合作是一种便利的选择，也是基于当前经济利益的理性选择。习近平主席提出的“中国梦”并不涉及与普京提出的“能源超级大国”建立地缘政治联盟，也无意与普京政权保持一致，对抗西方国家。俄罗斯在与中国的合作中失去了竞争优势，因为在21世纪20年代，通过向中国供给石油可以确保与中国的友谊，但不能将中国转变为地缘政治盟友。

此外，中国与哈萨克斯坦的关系越来越紧密。2013年，习近平主席在哈萨克斯坦提出了“一带一路”倡议，此后，中国在该国进行了大量投资。哈萨克斯坦通过中国和哈萨克斯坦合作经营的管道将石油和天然气输送到中国。2019年，自1989年以来一直领导哈萨克斯坦的努尔苏丹·纳扎尔巴耶夫宣布退休。但是，哈萨克斯坦政坛的巨变并没有影响它与中国的关系。新任总统卡西姆若马尔特·托卡耶夫继续奉行纳扎尔巴耶夫制定的多元外交政策，在维护哈萨克斯坦的主权的同时，战略上与中国和俄罗斯开展合作。

哈萨克斯坦并不认为自己仅仅是一个产油国，而是努力将自己塑造成一个快速发展的新兴经济体。然而，把石油工业描述为国家活力、国家发展、国家主权、独立自主和国家权力的主要来源的话语建构，在哈萨克斯坦的能源政治中仍然存在。哈萨克斯坦优先考虑其能源行业的证券化，“我们”和“他们”的二分法在很大程度上影响了其能源外交。许多哈萨克斯坦人对中国在中亚日益增长的影响力持谨慎态度，视中国为存在潜在危险的“他们”。然而，在俄乌冲突发生后，中国和俄罗斯在中亚的平衡正在发生变化，中国成了一个更理想的合作伙伴。这意味着托卡耶夫将面临更大的挑战，既要均衡哈萨克斯坦的资源诅咒式发展模式，又要在中国和俄罗斯中间维持哈萨克斯坦的现有地位。

这本书的一大特点就是挑战了能源安全和中国寻求石油的传统假设。本书讨论的内容超越了能源安全的狭义概念，深入探讨了政治和社会文化背景之间复杂的相互作用，以及这些相互作用形成的中国与两个重要的石油国家——俄罗斯和哈萨克斯坦——的能源关系。此外，还讨论了两个石油国家如何看待自己在中国不断崛起的进程中获取的财富。本书通过研究石油如何成为一种理念，以及不同的参与者如何在国际关系中灵活利用这一理念，为国际能源政治的动态变化提供了一个崭新的视角。

我非常高兴能与中国读者分享我的见解。感谢译者和出版社所做的努力，使我的书得以面向读者。本书传达了我的主要思想：我们共同生活在“我们创造的世界”中，这个世界在很大程度上是通过“话语”形态而存在的，我们必须始终承认我们的语言具有政治性，承认语言具有塑造我们和他人生活的力量，并且我们必须关注“话语”如何在不同文化和政治背景下传播于不同的语言中。本书的灵感来源于我在中国学习期间目睹的中国快速而强有力的发展。我依旧被中国快速而审慎地改变自身的能力所吸引，也被中国的变革对世界的影响所吸引。我希望这本书有助于在研究中国能源政治的不同方法之间建立新的桥梁，并在当前国际能源关系的动态变化下，有助于促进跨领域话语沟通。

安娜·库捷列娃

2023 年 6 月

于英国伍尔弗汉普顿

PREFACE

前 言

本书核心是政治学与社会文化环境在国际能源政治学中的相互作用。通过研究中国与哈萨克斯坦和俄罗斯（两个盛产石油的国家）2005—2017年间的能源双边关系，来探讨其相互作用。目的是对传统的能源政治学的假设，特别是对中国在全球寻求能源的假设提出质疑，说明能源如何成为一种理念，以及这种理念如何在国际关系中发挥作用。

本书的分析建立在建构主义和后结构主义理论基础之上，证明了中国与哈萨克斯坦和俄罗斯的能源关系既以石油的话语政治为基础，又受其制约。同时指出，中国的对外能源战略完全以本国的能源话语政治为基础。因此，如果哈萨克斯坦、俄罗斯或任何其他国家欲与中国建立建设性的能源合作关系，不仅要考虑中国能源工业的物质需求（例如，中国国内可采能源资源储量，开采、炼油和储存能力，已经建成和在建的能源通道）和中国能源政治及制度背景（例如，中国法律框架、中国政府能源管理机构），还需要考虑能源，特别是石油在中国所具有的多重象征意义。

总之，本书不仅能帮助读者详细了解中国与哈萨克斯坦、俄罗斯的双边能源关系，还引出了关于国际能源政治的社会逻辑问题的讨论。本书丰富了批评主流国际关系学研究方法的文献，并促进了国际关系领域话语分析研究的发展。

ACKNOWLEDGEMENTS

致　　谢

本书是我六年研究的成果，主要部分是我在阿尔伯塔大学（University of Alberta）的博士论文。在此期间，我得到了许多人的帮助和支持。首先，感谢我的导师伊恩·厄克特（Ian Urquhart），是导师的建设性反馈、悉心指导和鼓励，才使本研究沿着正确的路径进行。从我们初次见面起，导师就认真对待我的诉求、研究和观点。我从未感到孤独，且总是得到支持和重视。您是我所能求得的最好的导师。感谢您与我深入讨论，感谢您在学术上对我的陪伴。非常感谢罗杰·艾普（Roger Epp）和戈登·霍尔登（Gordon Houlden）为我的研究提供了热心的指导。罗杰，谢谢您全程协助我完成博士研究。您激发思考的提问不仅鼓励了我批判性地评估我的研究实践，促使我用学术的方法进行分析，而且增强了我的信心，赋予我独立思考的能力。戈登，谢谢你慷慨地抽出时间帮助我，并提出建议。感谢让我进入阿尔伯塔大学中国学院，并使我有机会成为一流研究机构中的一员。我还要感谢罗伯·艾特肯（Rob Aitken）和杰里米·帕蒂尔（Jeremy Paltiel）认真审阅我的报告，并提供有见地的反馈意见。感谢阿尔伯塔大学全体教授和同学在我读博期间给我的建议、反馈、问题、指导和鼓励。感谢所有接受访谈的中国、哈萨克斯坦和俄罗斯的同仁，感谢他们与我分享他们的观点。还有我的博士伙伴贾斯汀·莱夫索（Justin Leifso）、查德·考维（Chand Cowie）、迈克尔·伯顿（Mike Burton）和埃姆拉·凯斯金（Emrah Keskin），非常幸运我能与你们同行。感谢你们分享观点、经验、文献、关系、愿望、成功、担忧、伤心、喜悦。非常感谢你们的支持、激励、友谊，你们是我可靠的依赖。最后，感谢玛丽亚姆·乔治斯（Mariam Georgis）和尼沙·纳特（Nisha Nath），你们是我的学术榜样。感谢你们影响了我对研究和学术的态度。与汝同行，吾生之幸。感谢我的爷爷瓦迪姆·弗利波大（Vadim Flippov）和奶奶安东尼娜·菲利波娃 (Antonina Filippova)。当然，如果没有我母亲尔加·库特列娃（Olga Kuteleva）的支持，本书不可能完成。

CONTENTS

目　录

提到石油，你首先想到了什么？

石油。

提到石油，你首先想到了什么？

首先进入你大脑的是什么场景？

你是否想到了高速公路上飞奔的汽车？你是否想到了气候变化？想到了北达科他州的抗议输油管道建设游行？你是否想到了中国广东的玩具制造工厂？也许，你想到了 2003 年美国入侵伊拉克的战争？我在苏联解体后的俄罗斯出生和长大，当提到石油时，我首先想到的是政治。

自 20 世纪初以来，我们一直生活在“石油世界”里。在过去的十多年里，随着天然气工业、电力、生物质燃料、非常规能源的快速发展，石油失去了原有的地位，在政治上，石油在世界许多地方被环保活动家和减缓气候变化的国际政治家穷追猛打。然而，我们的世界很大程度上仍然依赖石油。而且短期内，石油仍将深刻影响社会的各个领域。石油是现代文明的能源。

原油主要由碳氢化合物组成。原油从地下储层中开采出来，并通过管道运输到炼油厂，或运送到港口，在那里被装进油轮，继续送往炼油厂。全球超过一半的石油都是跨境运输的。因此，石油是世界上最国际化的商品之一。

石油为世界上 90% 以上的运输工具提供了动力，是现代经济和生活方式的基础。我们的工业化食品供应系统也消耗大量石油。取自石油的石化产品是许多产品的原材料，从衣服到手机、香水、维生素等产品的生产过程都离不开石化产品。在现代世界里，石油驱动着一切。这使得石油成为全球最受欢迎的商品之一。尽管如此，石油只集中在少数地区，是稀缺性能源。开采技术和储层地质条件的制约，以及石油可开采储量的逐年下降，加剧了石油的稀缺性。

从经济、地质和技术角度来看，石油是一种真实存在的物质。但石油激发了自由、流动和独立等抽象概念。当我们提到石油时，我们想到的不仅仅是抽油泵、管道、油轮、价格图表和漫长的供应链，也想到资本主义、安全、发展、环境、民主和现代化。重要的是，石油的物质属性和与其相关联概念从社会和文化的角度看是具体的、明确的。虽然我们都生活在石油的世界里，但我们对石油的想象各不相同。

上述观点引出了本书的核心问题：不同的国家如何看待石油？各国对石油的理解如何影响他们之间的关系？这些问题的本

质是国际能源政治领域对政治与社会文化背景之间相互影响的普遍关注。本书通过分析中国与哈萨克斯坦和俄罗斯两个产油国的关系，探讨这种相互影响。

本书聚焦中国，因为中国的案例独一无二。在19世纪末20世纪初，中国经济崩溃、政治动荡，一些国家为地缘政治和经济利益侵略中国。此外，21世纪初，中国创纪录地使大量人口脱贫，人民生活水平大幅度快速提升，达到了经济可持续发展的阶段，在国际事务中获得声望和影响力。用乔瓦尼·阿瑞吉[①]的话说，20世纪末中国增强了全球南方各国人民的社会和经济能力。鉴于中国的国土面积和规模，很明显其快速而有力的崛起正在开创一个经济和政治史上的新时代。过去三十多年，中国从能源自给自足到依赖进口的巨大转变就是其巨变的驱动力之一。

自20世纪90年代初以来，中国已成为“世界工厂”。中国消耗的能源总量中约有一半被工业行业吸收，并为国际贸易做出贡献。中国工业产出的增长，提高了对电力、精炼石油产品和能源密集型生产材料的需求，例如化学品、钢和铝。工业生产促进了运输部门的能源消耗，进而推高了总能源需求。诸如经济市场化、快速城镇化、收入提高等社会经济因素的变化，也推高了中国的能源需求。中国活跃的消费文化刺激了建立在生态破坏和依赖不可再生能源基础上的生活方式。高化石能源消耗和高碳排放行为成为中国家庭的消费方式。

① 译者注：乔瓦尼·阿瑞吉，世界体系理论的代表人物。

由于这些深刻而快速的变化，在21世纪的第一个十年，中国能源消费波动与全球能源消耗趋势表现不同。经济合作与发展组织（OECD）成员国一次能源消耗仅增加了13%，全球增加了30%，而中国一次能源消耗却增加了70%。能源需求的增加使中国从能源净出口国转变为能源净进口国。20世纪80年代中期，中国的能源产量比消费量高11.6%；自2005年以来，其消费量已超过产量约10%。中国于2002年成为煤炭进口国，2007年成为天然气进口国。这种转变对于石油来说特别明显：20世纪80年代，中国的石油产量比消费量高35%；但自2003年以来，中国石油消费总量的一半以上依靠进口。更重要的是，有强有力的证据表明，中国能源需求增长还将持续约二十年，因为中国的经济仍处于工业化和社会经济“腾飞”的变革过程中。

在过去的十年里，因资源枯竭，中国油田产能不断下滑。而在20世纪60年代，中国应对能源安全挑战的主要解决方案是提高国内能源生产能力。未来所谓重大化石燃料储量新发现已不太可能，中国将无法改变其对国外化石能源的依赖。目前，中国国有石油公司在42个国家勘探和开采石油，中国进口的石油四分之三来自中东地区（52%）和非洲（23%）[①]。即便如此，有迹象表明，中国仍将扩大其寻求能源的区域。

---

① 中国石油进口来源国：沙特阿拉伯、伊朗、伊拉克、阿曼、安哥拉、俄罗斯。2015年，俄罗斯暂时超越沙特阿拉伯，成为向中国出口石油最多的国家。然而2015年石油进口量的波动表明，俄罗斯在中国市场出口量增长强劲，但下此结论还为时过早。比如，2018年，沙特阿拉伯仍然是向中国出口石油最多的国家。

认识和分析中国这个新兴的有影响力的国际能源政治参与者是很重要的。从自身利益角度考虑，研究中国对能源的理解以及与世界不同地区能源出口国建立关系的方式，全球能源系统的脆弱性应该是一个务实理由。同样重要的是了解中国为什么成为对能源出口国有吸引力的合作伙伴，以及在与中国合作的过程中，能源国如何改变他们看待自己能源财富的方式。

本书探讨中国谋求能源的行为如何改变世界对石油的态度，并分析中国与哈萨克斯坦和俄罗斯的关系。中俄关系非常重要，在影响世界能源政治发展趋势方面发挥了重要作用。相比之下，来自哈萨克斯坦的新闻很少成为头条新闻，但是哈萨克斯坦也是重要的石油生产国，在过去20年里成了中国越来越重要的石油供应国。中哈关系可以从全新的视角理解中国参与南南合作的方式，以及中国与中亚国家的关系。

通过研究中国与哈萨克斯坦和俄罗斯的关系，本书不仅详细诠释了这些国家之间的能源关系，同时提出了有关国际能源政治的社会逻辑。书中提出，物质与国际能源政治的话语结构存在相互交织并相互依赖的复杂关系，这种交织是由能源、社会、文化、经济、政治等多种因素的关联所决定的。所以，能源关系不仅由物质现实所决定，还由能源政治的话语所决定。从这个意义上讲，本书分析的重点不在于中哈、中俄能源关系产生了什么结果，而在于能源政治话语结构是如何在这种关系中形成的，并发挥了什么作用。

两个基本理论支撑本书的分析。第一，能源生产与消费的现实存在（如石油出口量与出口目的地、国内石油需求）在国际能源政治中被视为国家身份的物质标志。第二，能源的现实存在只在话语层面和象征意义层面具有重要意义。因此，如果要理解某机构或国家在能源政治中如何创立自己的身份辨识性特征以及合作伙伴的辨识性特征，我们需要首先了解该机构或国家赋予能源资源什么意义。基于琳恩·汉森（Lene Hansen）的方法，本书对各类文本进行结构化、系统化的互文性话语分析，实现了两个主要分析目标：解读中国与哈萨克斯坦和俄罗斯能源关系的主要文本；考察这些重要文本如何支撑对中哈、中俄能源关系的解释，排除了不重要的文本。

为了描述和解释中国、哈萨克斯坦、俄罗斯的能源话语政治，我引用了文本文件和各种文化艺术品，如小说、流行歌曲歌词、绘画、图片、电影、博物馆展品、建筑。我的研究使用了双语，文献主要是中文和俄语文献。我对语言非常重视，利用语言的力量建构社会现实。此外，我力求解释为何有关能源开采、生产和消费以及能源收益再分配的各类相互矛盾的文献能够通过下列形式出现并传播：视觉艺术、流行娱乐、建筑、城市规划、博物馆、文化空间，以及其他社会文化构建和实践活动。这使我不仅能够更深入理解官方能源文件，同时也能进一步理解有关经济、环境、社会、政治因素对能源工业扩张和能源出口增长产生影响的文件。

第 2 章，主要确定本研究在理论层面的定位，这是研究国际关系学中能源政治学的基础。本章从多个层面对现有的主流现实主义和自由主义学者的理论进行广泛但不过分详细的综述。主流理论充斥着既冲突又统一的二元现象，并透过能源安全这个多棱镜，透视能源关系。在分析能源安全概念时，采用建构主义方法来分析，以此获得更有意义的诠释。在本章最后，对主要概念进行了定义，完善了研究国际能源关系的建构主义方法。本书的方法将国际能源关系作为复杂、动态和相互依存的社会进程的产物进行研究。

第 3 章以分析中国的情况为主。从讲述中国 20 世纪 50 年代追求能源自立和大庆油田的故事入手，讨论了“自力更生”产生的效果，以及从 20 世纪 90 年代和 21 世纪初向“走向国际”的转变。这章的第二部分，考察了 21 世纪第一个十年中期和 21 世纪第二个十年初，中国能源政治话语的发展演变。明确了中国能源政治中占主导地位的话语结构，并追叙过去十年的变化轨迹。最后，总结了能源话语结构如何明确地解释和支撑中国能源战略。同时对非主要文件做了删减。这样能够确定构成中国能源范式的常规标准、含义和理念。

第 4 章、第 5 章分别讲述了中俄能源关系和中哈能源关系。每章首先分析中国的能源范式，然后研究中国作为主要能源消费国的崛起对合作国的影响。虽然中国重新定义了全球能源政治和传统的能源安全解决方案，但是自 20 世纪 50 年代中期以来，中国对石油的理解没有太大变化。中国对能源安全的追求强化了对石油无可替代的肯定。石油是能源国的身份辨识标志。总体来讲，俄罗斯和哈萨克斯坦与中国能源合作的同时暴露了他们能源范式存在的矛盾。

第6章，强调需要重视语言的本质力量。本章认真反思我们使用的语言如何影响我们研究和实践能源政治的方法。书中强调，中国对外能源战略，及与其合作的产油国的对外能源战略，严重依赖能源话语政治。所以，与中国建立能源合作的建设性关系，哈萨克斯坦、俄罗斯或任何国家的合作方，不仅要考虑中国能源工业的物质现实（如中国可采能源储量，开采、炼油和储存能力，现有和未来规划的能源通道）、中国的法律环境（如中国法律框架、中国政府能源管理机构），还要考虑能源在中国所具有的象征意义。

除了讨论中国与石油国的关系，本章还讨论了能源安全概念。中国能源范式的核心是能源自给自足的理念，以及中国对安全的理解：出于对国家安全和经济持续增长的考虑，避免能源供应与需求之间的关系突然变化。中国对能源的渴求，实际上推动了哈萨克斯坦和俄罗斯这些石油国的发展，强化了石油是共同追求的重要资源这一理念。

我们的确生活在一个我们自己创造的世界里。在很大程度上，这个世界是我们通过话语讲出来的。所以，为重新定义我们对能源安全的理解，需要开始重视话语和观念，就像重视抽油机、管线、油轮、价格图表、漫长的供应链一样。本书结尾强调，如果我们想象一下无油的世界会是什么样子，我们需要重新考虑我们与石油的关系。一旦我们把石油看作是对发展和进步的威胁，而不是机遇，那我们将会创立新的话语，使占主导地位的能源安全概念改变内涵，并共同找到可持续的国际能源解决方案。

2

能源话语政治和能源范式理论框架与研究方法

本书以建构主义和后结构主义理论为基础，试图建立一个更精准的能源政治视角，这个视角可以利用社会环境、主体间含义和身份辨识性特征这些变量分析问题。本书的研究分为两部分。第一部分要考察的领域是能源政治，包括能源话语政治的特点和能源开发历史，这些特点和历史是国家在能源交往中创建的，代表他们自己国家与合作国的能源话语政治特点和能源开发历史。第二个部分的研究领域涉及更准确地理解这些特点以及能源叙事是如何在能源范式中复制的。本章主要介绍研究的理论框架，首先对能源政治主流研究方法进行了评论，接着提出建构主义方法，将国际能源关系作为社会进程的产物来研究。

现实主义与自由主义：国际能源政治研究中的冲突与协作的二分法

对于国际能源关系的研究，主要是针对国际秩序的研究，以及对建立和维系这种秩序的国家本质的研究。试图涵盖国际关系理论的能源政治学研究多数情况下会提及现实主义和自由主义理论，并将其描述为重要的、占主导地位的、传统的学术流派。尽管有部分研究例外，但是多数国际关系的传统研究在讨论能源国际关系时发挥的作用就是将理论探讨缩减为现实主义与自由主义之间的对话。

现实主义理论认为，国际体系以无政府状态为特征，没有任何权威能够协调“主权国家”之间的互动。这就意味着，与其遵循更高权威的旨意，不如国家之间自己独立建立彼此的关系。国家被视为在自助系统中始终追求自身利益的理性参与者。因此，一个国家的关键目标是确保自身生存。为了寻求安全，各国努力积累资源，国家的军事力量和经济力量决定着他们之间的关系。大多数主流现实主义学者使用肯尼斯·华尔兹（Kenneth Waltz）提出的固定和狭隘的权力概念。肯尼斯认为，国家在国际关系中的权力是由人口和领土的规模、资源储量、经济能力、军事实力、政治稳定性和治理能力等因素决定的。这种对权力的唯物主义态度是主流现实主义流派的主要吸引力所在，因为它允许其倡导者以势力平衡的名义证明协调和建设军备的合理性。此外，该理论还为这些倡导者提供了解释各国在现代国际体系中表现出弹性的依据。

讲到能源问题，现实主义理论倡导者认为，能源关系与其他领域的国际关系一样，是完全由各国的国家利益所决定的，特别受关注的是生存机会与竞争能力。依照现实主义传统观念，学者们关注下列因素：资源竞争、能源依存度，以及资源民族主义。从这个角度看，中国需要为获取能源资源而奋斗（尤其是化石能源），为其快速发展的经济提供动力；俄罗斯拥有“能源武器”，并试图利用这一武器建立新的“能源帝国”；哈萨克斯坦作为大国间的地缘政治扩展空间显示出其重要性。

总之，现实主义研究方法倡导者，在探讨国际能源关系时，研究的世界是一个不断为资源而战的世界。他们强调能源关系的地缘战略，且往往聚焦于出口国与进口国之间的力量平衡，把能源合作描述为零和博弈。按照自由主义的观点，这样的研究导致了现实主义的许多弊端，因为它忽略了能源关系的许多决定性因素。

从主流观点和广义的外交政策研究看，自由主义理论被认为是以和平为出发点。与现实主义理论相比，自由主义显得更合乎道德，在对能源关系的研究中也不例外。然而，恰恰相反，自由主义学术的主要关注点不是实现和平或建立个体与个体、国家与国家之间的和平关系。事实上，与现实主义学者类似，目前大多数在研究国际关系时倡导自由主义的当代学者，经常提出明显的功利主义和理性主义理论。同时，他们都仍然坚持这一观点："随着贸易和金融合作在国家之间建立，随着民主规范的传播，脱离现实主义者所设想的无政府世界将是一段缓慢但不可阻挡的进程。"即使自由主义理论脱离了其传统的意识形态倾向——比如对进步和现代化的支持、对多元与统一的平衡、对机会平等的倡导和对福祉的促进——它仍然在逻辑上与国际关系的目的论定义相一致，即国家之间都在追求互利的合作关系。

自由主义理论认为，如果能够确定冲突的煽动者，那么就应该有可能形成一个守法国家之间的联盟，共同对抗侵略者。国际组织的全球体系应履行立法、执法，以及重要的司法职能和责任，同时确保每个国家都能够拥有其主权、自由和独立。自由主义理论的前提是发动战争的是政府，而不是人民。因此，根据此逻辑推理，和平的最大希望是民主，因为民主代表了拒绝冲突而支持合作的广大人民的意愿。因此，各种版本的自由主义，无论其理论方向如何，都表现出制约意向，提出受理性自由规范约束的国家之间实现和平的可能性。自由主义的能源关系理论完美地诠释了这一论点。

能源政治研究中的自由主义观点的基本假设是，能源关系由不同的机构、组织和政府所管控，因此涉及国家和非政府机构。研究能源关系的自由主义文献，主要关注为能源出口国和能源进口国之间的合作而建立的框架性复杂制度。而自由主义学者对国际能源关系的研究多种多样，但所有有关国际能源政治的研究都趋向于：相信市场的功能，相信以获取互利的解决方案为目的的经济体和国家之间的国际合作所产生的潜力。

自由主义理论的倡导者感兴趣的战略是将能源关系转变为正和博弈，并确保能源出口国与进口国之间的合作取得更大经济效益。学者们将能源关系看作正和博弈，把目光转向能源合作的环境因素，强调化石燃料储量的远期耗竭、高效能源利用、环境保护以及发展可再生能源等问题。这些主题在有关全球能源治理的文献中得到了特别明确的阐述，文献中还提出了以下问题：谁应该管理全球能源关系？如何管理这些关系？能源管理的具体内容是什么？有学者重点关注现有如八国集团（G8）、二十国集团（G20）、国际能源署（IEA）等国际组织管理能源的潜力。还有学者建议成立新的国际组织。关于能源治理，绝大多数自由派学者认同将研究重点放在能源供应安全、环境可持续性和能源匮乏等方面，并根据情况消除引起国际冲突的可能原因。

能源关系是被视为零和博弈（现实主义），还是视为正和博弈（自由主义），其逻辑可通过能源安全引发的刺激因素来解释。林恩·切斯特（Lynne Chester）指出，“能源安全”一词显然意味着“背后有一个具有某种战略意图的概念（抽象概念）”。同时，能源安全是一个模糊的概念：它涵盖了一系列在性质、时间和规模上不同的威胁因素，涵盖“多种可归于能源安全的含义，明确了不可能有‘一刀切’的解决方案”。唯一能统一能源安全不同解释的观点是：强调避免能源供应与能源需求关系的突然变化。换句话说，能源安全永恒的话题是能源短缺，这只能通过增加供应来解决。

无论是现实主义，还是自由主义，都忽略了社会环境因素，因此存在理论盲点。例如，与能源开采、生产和消费以及能源收益再分配相关的问题，只有当一个强大的主体对其表达意见并对此作出反应时，才会成为安全问题。因此，能源合作中的“安全”这一概念，本身就应该问题化和概念化，以便理解能源问题如何成为安全问题的。

安全概念在能源政治学中表达了哪些不同的含义？为什么某些应对能源开采、生产、消费、分配的特别措施是合理的、恰当的？为什么对能源的多种不同理解形成了国家在国际关系中的辨识性身份特征？为什么各国对能源资源的不同阐述在国际层面是相互关联的？建构主义和后结构主义为这些问题提供了答案。

可选路径：批判建构主义

尼古拉斯·奥诺夫（Nicholas Onuf）提出了建构主义的核心观点：国际关系理论的研究对象是“我们创造的世界”。根据奥诺夫的论点，社会存在因素在决定国家在国际舞台的行为时跟物质因素一样重要。例如，亚历山大·温特（Alexander Wendt）认为，“社会构成包括黄金和坦克等物质资源”，因为“物质资源只有在人们共享的物质概念里才有指导人类行为的意义”。因此，研究的主要对象是各种各样的社会构成，这些构成是“真实和客观的，而不仅仅是‘话语’……但其客观性取决于共享的知识”。这意味着，社会构成通过实体之间复杂的社会交流呈现，社会实体的存在通过实践得以固化。

正如布里奇特·洛舍（Brigit Locher）和伊丽莎白·普瑞格尔（Elizabeth Prügl）所说，多元建构主义拥护本体论，因为它们都在描述世界不是一个存在的世界，而是一个正在成为的世界。尤其是，本体论使建构主义者能够研究国际机构的构成，从历史的角度解释战略的改变，并对社会变化进行全面了解。两个重要的建构主义研究方法被称为“传统的”方法和“批判性”方法。两种方法都假设在国际关系中物质现实与社会现实相互胶着、相互依存。然而，传统建构主义者把分析的重点置于物质因素，而批判建构主义者把分析集中于话语结构。为了将认识论相对主义理论和认识论理性主义理论联系起来，传统建构主义学者将国际体系视为一个客观的社会事实。相反，批判建构主义者关注的是“世界是如何‘被谈论’成存在的”。对他们来说，社会事实通过语言结构显现出来，这意味着“意识只能通过语言来研究”。因此，批判建构主义学者比传统建构主义者更重视符号、语言和实力之间的关系，这使他们的观点更接近后结构主义。

詹姆斯·德尔·德里安（James Der Derian）将后结构主义定义为“半批判行为”，认为它一直在寻找并试图推翻权力决定意义的经验主义理性立场。他提出了后结构主义理论的四维研究观点：依据过去的实践，审视当前的国际关系知识；寻找政治学理论的边缘；倾听被官方话语所淹没的批评声音；探讨现存文件与反馈文件的交锋。

所以，正如奥诺夫所指出的，后结构主义将建构主义理论的主要本体论和认识论假设视为辩证必然，并将其延伸到合理的程度。

后结构主义理论毫不隐讳地质疑独立和客观知识的存在，并探索权力话语分布如何规范特定的主体地位、调节空间和时间，并监督以确保一致性。根据这一逻辑，后结构主义学者将因果认识论视为一种特殊的知识话语，它不能在其自身的历史和政治背景之外维持其权威。

批判建构主义大量借鉴并采用了后结构主义国际关系学者提出的概念和方法。尽管如此，即使当批判性建构主义者提出了本质问题——“这怎么可能呢”，他们没有偏离温和实证主义的立场，也不愿意完全放弃因果认识论。他们保持在建构主义和主观社会显示框架内，有意使用现有的国际关系元结构（如国家、主权）来定义和限制其理论。重要的是，正如伊曼纽尔·阿德勒（Emanuel Adler）所言，批判建构主义者“既不关心自由本身，也不关心揭示历史上影响边缘化群体的权力结构，而是对为社会现实做出更好的解释感兴趣”。从这点上讲，批判建构主义仍然是一个国际关系学领域主流的现实主义和自由主义理论的“叛逆者”。

总之，建构主义仍然是一种多元化的学术流派，可以认为是“异类”研究或“元理论”。因此，它与后结构主义的结合和学习是自然和适当的。基于对建构主义和后结构主义观点的研究，本书试图证明，机构的辨识性身份特征在国际能源政治领域非常重要，并通过采用话语分析方法系统地研究这些特征。同时，除能源安全的概念外，本书重点关注一系列研究问题，这些问题强调国际能源政治领域制定和讨论各种战略时，辨识性身份特征的本质意义。虽然本研究受到了建构主义和后结构主义学术的启发，但它无疑仍然处于建构主义研究的范畴，因为更专注于“现实是什么”，而不是“应该是什么”或“可能是什么”。

超越能源安全

尽管安全化理论融合了古典现实主义对国际关系的理解，但它的基础是建构主义的本体论和认识论假设。在这种情况下，正如斯特凡诺·古兹尼（Stefano Guzzini）所说，“建构主义的马已经被置于地缘政治的马车之前”。安全化是“一系列相互关联的实践行为，是实践行为产生、传播和被接收或转化的过程，在此过程中产生了威胁”。安全化概念的精髓是“通过将某事标记为安全问题，它才成为安全问题”。这就意味着，安全是一种社会结构，因此它没有任何预设的意义，但可以是安全机构声称的任何东西。正如巴里·布赞（Barry Buzan）、奥莱·韦弗（Ole

Wæver）和雅普·德·王尔德（Jaap de Wilde）所阐述的那样：

> 能源安全的目标不是评估一些客观威胁，即“真正”危及需要保护的具体物体的客观威胁，而是理解一个构成过程，即理解构成假想的威胁和共同应对的威胁的过程。

所以，安全化表达的概念，代表了布赞在其他文献中所称的安全分析的社会属性，并提出了改变某些对国家和社会构成威胁的事件、议题、事物或人的认识方式。逆向过程，即政治化（非安全化），被理解为把关键问题从紧急状态剥离出来，转变为常规的政治谈判。

当安全化理论应用于能源关系的研究时，它解释了能源短缺如何表现为对国家主权和国际稳定的威胁，或如何演变为政治问题。重要的是，通过将能源问题确定为安全或政治问题，国家就会同时确定各自的战略需求。现实主义和自由主义对能源关系的争论焦点是“冲突还是合作”。安全化理论，有助于解释冲突与合作二分法的概念基础。例如，安德鲁·菲利普斯（Andrew Phillips）将能源安全描述为对多个因素相互关联的认知，这些因素包括配置端的供应充足性、高效性、灵活性、可调节性和适应性，以及能源市场所处地区战略秩序的稳定性和可依赖性等。他认为，能源安全化是中国和印度成为“依赖进口的能源超级消费国”导致的结果。同样，伊丽莎白·维什尼克（Elizabeth

Wishnick）在重新审视中日能源和环境关系时总结说，尽管它们有共同的风险，但不同的社会和文化环境因素阻碍了两国形成区域安全共同体。总之，菲利普斯和维什尼克的分析都表明，在能源政治学领域，自由主义理论的失败并不意味着现实主义方法的成功。相反，两位学者都表明，能源安全的概念是自由主义和现实主义能源政治研究方法的核心，其本身并不说明任何其他问题，需对其进行进一步解读。

其他学者使用安全化的概念，质疑能源政治学领域对安全与不安全已给出的各种定义。例如，乔纳·尼曼（Jonna Nyman）认为，安全是一种实践行为，即人们所做的事情，因此既没有内在意义，也没有内在价值，但历来就有偏向性。因此，尼曼将安全视为“强有力的变革工具”，并区分“消极”和“积极”的能源安全。将这一理论框架应用到中国能源安全实践的详细案例研究中，尼曼发现了一个安全悖论：国家能源安全实践导致国家、人类和环境安全水平降低。

为了强调能源交往的社会逻辑问题，建构主义分析应超越能源安全概念，重视辨识性特征在国际能源政治中的作用。因此，仅对能源关系中的安全概念进行质疑是不够的。还需探讨如何对能源的开采、生产、消费和配置等环节存在的挑战做出适当和合理的应对。为此，本书不仅进行政策话语分析，还引入了一个方法框架，包括对更宽泛的文化产品和社会话语的分析。

辨识性特征与适当性逻辑

辨识性特征是一个复杂的概念，它往往含义过多或太少，或者根本没有意义（因为它完全模糊）。在建构主义学者提供的理论框架中，辨识性特征被视为相对稳定的意义系统，具有固定的行为环境，并代表国内和国际利益的核心。然而，这并不意味着一个国际关系体（或国际关系参与者）只有一个辨识性特征，或者说国际关系体有原始特征。相反，辨识性特征在社会互动过程中不断变化。正如泰德·霍普夫（Ted Hopf）指出的那样，国际关系体“根据其他关系体拥有的特性来理解他们，同时通过日常社会实践重新塑造自己的身份特征”。这一推理背后的核心概念前提有三个：第一，关系体的辨识性特征是由其行为环境的社会结构塑造而成的；第二，辨识性特征是通过异化和关联过程形成的；第三，辨识性特征在代表某关系体的不同社会群体之间的话语争论中协商一致。因此，本书对建构主义的理解与温特讲到的传统的建构主义理论有很大的不同。

建构主义分析关系体本身的特征和其在国际能源政治中与其他机构交往过程中表现的特征。建构主义认为，能源关系是复杂的、动态的、相互依赖的社会互动的产物。在这一理论框架里，辨识性特征具有因果变量的特点，因为它提出并解释国际能源关系中的适当性逻辑。适当性逻辑是证明机构或实体的行为是否合理的意义结构。机构根据最符合其特性的适当性逻辑来评估行动过程。这意味着，具体行动总是关联一个身份特征或承担一个角色，并将身份或角色的行为义务与具体情况相匹配。鉴于此，国际能源政治学中建构主义广泛研究的问题是：机构识别 / 标记自己和其他机构的特征的方式，是如何影响他们做出战略选择的？

能源话语政治学

上述分析显示，现实主义学者将能源短缺安全化，认为能源是战略物资，控制能源关系着国家的实力和影响力。自由主义学者把能源短缺政治化，认为能源是普通商品，应该由市场加以配置，由国际组织加以规范。两种观点忽略了这些表述形成过程中的社会影响因素。正如舒马赫（E. F. Schumacher）所强调的那样，能源“不仅仅是一种商品，而是所有商品产生的先决条件，是与空气、水和土壤同等重要的基本要素”。能源在与社会、文化、经济和政治多种因素的碰撞中，产生了多重象征意义。

依据本书的理论框架，能源生产、能源消费现实（生产量、出口能源去向、国内需求量）被看作是辨识性特征的物质体现，这种特征是国家在国际能源政治中构建的。然而，有关能源的叙述决定这些物质的含义。例如，俄罗斯政治领袖将俄罗斯定义为“能源超级大国”，其物质所指是储存于俄罗斯境内的石油、天然气、煤炭以及其他能源，也经常使用俄罗斯能源进口量作为物质所指。以此为例，关于能源的叙述将其描述为国家实力的来源。然而，能源的物质现实只有在讲述过程和话语表征过程中有其特殊含义和重要意义。完全相同的能源生产和能源进口现实，也可以被某些人成功地表述为其他含义。这些人认为俄罗斯的能源财富是国家脆弱的根源，把俄罗斯称为“发达世界的附庸国”。

所以，物质所指之所以成为国际能源政治现实的一部分，不是因为它的现实存在，而是因为实体赋予它的现实存在价值。一般来说，现实被认为是一种属性，是赋予现象的属性，即在讲述现象的过程中，在与他人谈论现象的过程中，在认为这些现象非常重要而采取行动的过程中，赋予了现象特殊属性。按照这一逻辑，如果我们想了解机构如何在国际能源政治中构建其身份特征及其对手的身份特征，我们需要知道该机构赋予能源资源什么含义。

能源关系的适当性逻辑：能源范式

无论公共参与者还是私人参与者，都在参与推动关于辨识性特征和能源叙事的各种争论。这些争论可能会异常激烈，直到一种辨识性特征和能源资源叙事得到多数人认同。更具体地说，国家将一种身份特征和能源叙事作为其能源范式的基础时，辩论说服过程基本完成，争论随之缓和。

“范式”一词，采用了托马斯·库恩（Thomas Kuhn）广义的定义，表示“特定社会成员共享的整体信仰、价值观、技术等”。能源范式概念从语言上做了明确的界定，使其尽可能客观地表达现实，并提出各国国际能源交往运作所需的强有力的法规背景。在国际能源政治领域，能源范式代表了国际能源关系中的适当性逻辑。与适当性逻辑的任何其他表达方式一样，它们植根于使行为成为可能的“能源构成”之中，也植根于能够解释和支持行为的语言之中。能源范式是本书研究能源关系的路径，代表了国家在能源交往领域相对稳定的标准、含义和观念。

话语分析与文本：从后结构主义孤岛到建构主义远岸

本章到目前为止仍在讨论国际能源关系研究中的建构主义理论框架。本小节阐述本研究采用的方法论，即收集、创建和分析数据的方法，简要罗列话语分析在国际关系研究中的各种理论，然后聚焦所选用的具体的话语分析理论，并介绍数据是如何收集和创建的，讨论数据收集的特别模式[①]。

话语是一个概念，话语分析是一种研究国际关系的方法。此方法起初属于后结构主义的范畴，20 世纪 80 年代被引入国际关系研究中。20 世纪 90 年代初，它被用作一种分析评论的新方法，主要用于探究传统国际关系理论的本体论和认识论中的缺陷。然而，正如安娜·霍尔茨切特（Anna Holzscheiter）所指出的，在过去 20 年里，话语研究逐渐从后结构主义的孤岛延伸到了建构主义的遥远彼岸，并努力调和建构主义本体论和实证主义认识论。

① 这一方法框架也被用来研究加拿大各省、联邦政府、国际各层面的石油话语政治，以及俄罗斯与欧盟的能源关系。

本书大量借鉴了琳恩·汉森（Lene Hansen）的后结构主义话语分析方法。琳恩借鉴了茱莉娅·克里斯蒂娃（Julia Kristeva）的互文性理论，该理论指出，文本由引文拼凑而成，任何文本都是另一个文本的吸收和转换。因此，汉森的互文性话语分析将文本视为具有“既独特又统一的”特点，这意味着每个文本都有自己独特的结构，吸纳了一系列差异和并置，并将它们与一个在空间、时间和道德上处于不同立场的外交政策联系起来。她开发了一套互文研究模型，“每个模型都有自己的分析重点、分析对象和分析目标”。利用这些互文研究模型，本书将所有收集的文本编组，以使研究结构清晰、体系明确（表 2.1）。

表 2.1　互文性研究模型

项目	模型 1	模型 2A	模型 2B
文本来源	国家领导人、政府部门、高级公务员、外交人员	大众文化	非政府组织、媒体、学术界
分析目标文件	官方文件：官方公告和讲话、政府机构和政策制定机构的报告、战略政策文件	电影、小说、图片、音乐、诗歌、绘画、建筑、展品	书籍、宣传册、政府与非政府组织报告、学术组织研究报告、报刊社论
分析目标	通过互文关联确定官方话语以及官方对批评话语的反应	支持和批评官方话语、广泛的历史、文化和社会环境	支持和批评官方话语
文本数量（中国）	234	24	212
文本数量（俄罗斯）	165	47	121
文本数量（哈萨克斯坦）	77	21	68

本书将重点放在模型 1 上，该模型收集了有权力批复所推行的外交政策的政治领导人的讲话，以及在执行这些政策中发挥核心作用的政治领导人的讲话。代表性文化（模型 2A）和边缘话语（模型 2B）的分析，有助于论证官方话语是如何形成并传播到外交政策领域之外，以及产生什么影响。这两种模型在官方话语占据绝对主导地位和政治讨论空间有限的情况下尤为重要。

本研究确定了一个主要问题：中国、哈萨克斯坦、俄罗斯在能源合作中确定了本国和他国的什么身份特征？各自对能源的理解和表述是什么？阅读、编码每个文件时，通过“询问”数据库的所有文献，发现了重复出现的模式、主题、概念和它们之间的关系。

- 研究对象定义：能源是什么？石油是什么？
- 自我定义（本国）：我们跟能源 / 石油有什么关系？
- 给他人定义（他国）：他们跟能源 / 石油有什么关系？
- 行为定义：我们针对能源问题要做什么？

模型 1 的文献为原始文献，模型 2B 既包含原始文献，也包括二次文献。在互文话语分析理论框架内，传统上被称为二次文献的材料也可以被当作原始文献来处理。比如，模型 2B 里的某学术文章如果被官方话语或公开辩论反复引用，根据情况不同，既可以被当作原始文献处理，又可以被当作二次文献处理。就此，汉森强调：“二次文献的采用并不妨碍其在研究过程的后期再作为话语分析的材料使用。”

本书收集了2005年到2017年期间的969份文本，所有文本都是从机构官方网站或数据库中检索而来。有些文本通过“滚雪球”方式查找出来。比如，一张重要的图片或一些知名社交媒体发布的信息（模型2A）出现在报刊评论里，或出现在专家报告里（模型2B），再通过查找被收集起来，就属于这种情况。还有些文献是在实地考察中收集到的。模型2A收集了2015年到2018年期间在中国、哈萨克斯坦和俄罗斯所作的访谈和考察。模型2B收集了2016年5月至2017年5月期间在中国、哈萨克斯坦、俄罗斯对顶尖专家和学者进行的11次半结构化访谈资料。受访者的选择依据是他们在国际能源合作和外交事务方面的实际经验和学术研究水平。所有访谈材料都按其原本的语言做了记录。

总之，本书的分析基于全面的文本语料库，力求收集到的文本能够代表每个国家话语的各个层面。借助互文性概念，可以揭示多种出现在不同时间、不同级别，不同层面的话语（有时是自相矛盾的话语）如何结合在一起构成能源范式。这些范式形成了中国与俄罗斯和哈萨克斯坦在能源政治领域的互动方式，以及三个国家在此过程中构建和重建石油合作的方式。

3

中国国家能源安全与能源话语政治

19 世纪末和 20 世纪初，中国经济崩溃，政治分裂，社会动荡，遭受英国、德国、俄罗斯、法国、日本等国的入侵。1949 年 10 月，中华人民共和国成立并摆脱了“百年国耻”的困境，引入计划经济，并设立了发展工业的目标。1953—1957 年，即第一个五年计划期间，中国很大程度上取得了成功。然而，1958 年发起的“大跃进”运动导致国民经济出现严重危机；再加上 1960 年，苏联单方面撤出了援助专家，严重影响了中国第三个五年计划的实施，进一步阻碍了中国的经济社会发展。此外，“文化大革命”（1966—1976 年）的出现，导致了一场深刻的系统性危机。1978 年，中国开始实施“改革开放”政策，开启社会主义现代化建设新时期。中国成功使贫困人口脱贫，人民生活水平迅速提高，经济持续增长，并成为全球贸易的积极参与者，在世界事务中获得地位和影响力，成为国际舞台上的一员。马丁 · 雅克（Martin Jacques）满怀激情地总结了中国在 21 世纪的发展经验：

> 新兴的中国，见证了一种新的发展模式，在这种模式下，政府极度活跃，无处不在，且以各种方式和形式参与其中：为私营企业提供帮助、管理众多国有企业、控制人民币缓慢地向自由兑换发展，最重要的是政府在推动中国经济转型的经济战略中扮演设计师的角色。中国的成功表明，中国的国家治理模式注定会在全球（尤其是发展中国家）产生强大的影响力，从而改变未来经济领域争论的方向。

尽管对中国经济模式有如此积极的评价，中国的变革也产生了许多不利的因素。中国目前重点发展模式仍然是能源集约模式，无法摆脱当前增长方式所带来的环境和资源可持续性方面的各种问题。

随着中国的持续发展，其能源问题将更严重、更复杂。自1949年中华人民共和国成立以来，能源一直被视为国家安全问题。在整个20世纪50年代，中国努力实现能源自给自足，并因此而受益了近30年。20世纪70年代末到80年代中期，能源出口对中国来说是主要外汇来源，并在现代化进程中发挥了至关重要的作用。20世纪90年代初，中国开始从能源自给自足快速过渡到依赖进口。中国于2002年成为煤炭进口国，2007年成为天然气进口国。这种转变在石油进口方面尤为明显：20世纪80年代，中国的石油产量比其消费量高出35%，但自2003年以来，中国消费的石油有一半以上依赖进口。

21世纪初至21世纪第二个十年，中国工业部门能源消耗量占全国的70%。与普遍的假设相反，工业快速且全面的发展与石油需求的快速增长并不成正比关系。工业部门的石油需求增长了567%，但其他行业增长更快。事实上，工业部门的石油消耗量在石油消费总量中所占份额甚至从1990年的59%下降到2014年的41%。1980年至2012年期间，工业的发展带动运输业的石油需求量增长了2097%，推高了石油总消耗量。石油在工业能源燃料中所占的份额从20世纪90年代初开始就没有变化，在15%～16%波动，而石油在运输业燃料中的份额跃升至90%。具体而言，道路运输中柴油的加速使用与20世纪90年代和21世纪初蓬勃发展的重工业密切相关，例如建筑业、煤炭业、造船业、钢铁和水泥行业。在2000年之后的十多年里，柴油需求以年均8%的速度增长。据中国社会科学院世界经济与政治研究所报告，柴油消耗增速从2011年开始放缓，2013年石油消耗出现了40年来的首次下降。中国社会科学院世界经济与政治研究所预测，未来中国国内能源消耗增长和运输业的进一步发展，可能导致柴油消耗的适度增长。

21世纪社会经济发展也增加了石油消耗的压力。中国的城镇人口占比从2000年的35.4%，增加到2016年的57.35%。在此期间，城镇人口人均可支配收入急剧上涨，数据显示年增长率为10%。中国人的新型积极消费文化促进了主要依靠非再生能源的生活方式的形成，也给生态环境带来一定破坏。化石能源消耗和碳集约行为是中国家庭主要的消费模式。汽车文化的盛行，加上城镇化进程的加快、城市高收入人群的增加，所有这些因素例证了社会经济发展与石油消耗增加的关系。

21 世纪，中国城镇居民每天出行的距离大大增加，公共交通使用率快速提升，很多出行者放弃了非机动车交通方式。同时，拥有一辆汽车成了城镇高收入人群的标志。民用车数量从 2006 年的 1545 万辆，增加到 2016 年的 1.087 亿辆；而私家车从 1149 万辆增加到 1.015 亿辆。汽油消耗成为石油产品中第二大能源消耗，约占比 23%。由于汽车数量急剧增长，2015 年，汽油消耗量上升到 1.78 亿吨。此外，汽车拥有量的大幅增长和运输业的快速发展，总体上刺激了中国国内高能耗的汽车产业。2012 年，中国超过美国、日本、德国和韩国，成为最大的汽车生产国。2016 年，中国生产的乘用车数量达到 2442 万辆，并在继续增加。从全球角度来看中国的汽车文化，中国有车人口比例只占总人口的 17%，而 88% 的美国人拥有汽车，日本和韩国紧随其后，分别为 81% 和 83%，欧盟为 79%。中国的有车人口比例远低于 35% 的国际平均水平，也低于萨尔瓦多（19%）、尼日利亚（18%）和南非（31%）等国家。鉴于中国人口汽车拥有比例较低，可以合理地预计，中国汽车文化的扩张将在相当一段时间内推动石油消耗增长。

为什么中国的石油消费至关重要？中国与世界经济相互依赖

最显著的例子是贸易关系和资金流动，同样重要的还包括全球环境恶化和自然资源短缺。由于中国目前在日益相互依存的世界中占据重要地位，中国发展的可持续性是全世界共同的问题。中国与世界的共识是中国的资源密集型发展模式在短期和长期都是不可持续的。但中国将如何解决资源短缺问题？如果以中国近代发展史为参照，中国将迅速且有意识地做出改变，解决其目前面临的问题，并继续处理其在发展过渡期将产生的后续问题。这就是为什么理解下面两点尤为重要：中国如何在能源短缺的背景下定义其发展？中国如何规划未来并未雨绸缪？

中国如何在国际能源交往中定义和宣传其身份特征？中国如何做出能源选择？这是本章要讨论的问题。本章第一部分讨论了20世纪50年代中期到21世纪初中国能源战略的演变。并讲述中国的石油故事，从1959年在大庆发现石油开始，一直到21世纪初中国对“和平崛起”和“和谐世界”的承诺。第二部分关注2005—2016年中国的能源政治话语，讨论了中国能源安全解决方案的演变和多元化，并解释了中国石油构想的最新变化。本章还讨论共有辨识性身份特征的情境化呈现：在中国的能源政治背景中，“我们”是谁？“他们”是谁？这解释了中国在国际能源政治中如何定义自己、盟友和对手，产生了什么影响。本章最后一节明确了作为制度化的中国能源战略的话语结构，描述了中国的能源范式。

从20世纪50年代到21世纪，中国能源战略的演变

大庆：中国石油史上的里程碑

中华人民共和国成立不久，中国开始了“石油大会战”。在这场会战的前十年，苏联的技术顾问和专家指导了中国石油工业的发展。中国80%的钻井设备和其他机械设备依靠从苏联进口，原油和成品油也依靠从苏联进口。因此，20世纪50年代后期，中苏关系破裂，给中国造成了严重的石油短缺，迫使中国政府加快提高国内石油开发和生产能力。不久，位于中国东北部黑龙江省的大庆成为中国“石油会战”的前线。

大庆油田是中国最大的油田。根据官方文件记载，大庆油田的发现与中国建设的核心项目和中华人民共和国成立十周年有关。大庆油田的历史开始于1959年9月26日，比国庆十周年庆典提前四天。根据中国官方文献记载，当时石油从松辽盆地的松基三井流出。1960年，大庆油田已探明石油储量估计为4亿吨。石油产量成倍增长，到1963年底，中国46.3%的石油产自大庆。

“大庆”这个名字本身就具有象征意义，它由两个字组成：“大”和“庆”（庆祝）。正如程楚元所指出的，大庆是特意设计的，“以避免复制西方传统的石油繁荣城市”。时任石油工业部部长余秋里说，大庆为油田工人及其家属制定了自给自足和勤俭节约的方针，这一方针随后转变为对艰苦奋斗思想的信仰。

大庆油田1205钻井队队长王进喜[①]成为“全国劳动模范”，成为“工业学大庆”的典型人物。在“工业学大庆”的全国性学习运动中，王进喜逐渐赢得了民族英雄的称号。他是大庆精神铁人精神的代表，无私，对党和国家的无条件忠诚，为国家繁荣而战，在恶劣条件下工作时勇气非凡。在众多宣传海报和报刊文章中，王进喜实际上成为20世纪60年代、70年代中国工业化的代言人。1970年王进喜去世后，中国认真地延续了王进喜的精神遗产。1971—1978年，《人民日报》在361篇社论中提到了王进喜。王进喜也成为许多儿童读物中的人物，1973年他的传记出版了15万册。为了纪念王进喜对国家石油工业发展的贡献，全国各地修建了王进喜纪念馆，包括大庆的一座大型铁人纪念馆（1971年开放，随后扩建）。

从更广泛的意义上讲，大庆油田和石油工业是中国共产党成功领导的象征。

1963年末，周恩来指出：“我国需要的石油，现在可以基本自给了。”很快，自力更生的思想成了石油工业的指导方针，这一思想在能源话语和更宽泛的国家发展话语中落地生根。

在中国，自力更生的思想与国家发展路径的控制节点相关。自力更生意味着在决策过程中尽可能以独立和自主为出发点。按照这一逻辑，能源自给自足成为最终的规划和政策目标，也是自

① 王进喜是“五面红旗”之一，另外四位是段兴枝、马德仁、薛国邦和朱洪昌。

力更生导向的必然结果。

适应全新的能源安全要求

20世纪60年代初至70年代中期，中国对大庆油田的未来和对石油工业发展的热情与乐观基本被西方社会所接受。但是西方对中国成功的认识缺乏理智，加上对中国友好的外国记者如安娜·路易斯·斯特朗（Anna Louise Strong）和威尔弗雷德·伯切特（Wilfred Burchett）的报道，进一步激发了西方对中国的想象。然而，正如林大伟（Lim Tai Wei）所指出的，大庆油田的确切位置和规模在中国以外几乎十年都不为人所知，直到20世纪70年代中期，西方社会关于大庆油田的大部分可用信息都是由一位从大陆去往台湾的匿名人士提供的。

1974年，日中石油进口委员会主席长谷川龙太郎（Ryutaro Hasegawa）访问了大庆，并在返回日本后宣布，中国不久将成为日本的主要石油供应国。瓦茨拉夫·斯米尔（Vaclav Smil）做出准确预测，他指出，许多国际观察家将日本一厢情愿的想法误认为是真正的重要预判。美国一些著名的亚洲问题研究专家得出结论，到20世纪80年代，中国的石油生产将对国际能源市场产生相当大的影响。例如，塞利格·哈里森（Selig S.Harrison）给中国贴上“下一个石油巨头”的标签，并声称“中国扩大石油出口的净效应将是减少全球对中东和波斯湾地区石油的依赖”。朴俊浩（Park Choon ho）和罗杰姆·艾伦·科恩（Jerome Alan Cohen）

明确指出，过去石油贫乏的中国将很快成为未来的石油强国，并警告说，“大量的中国石油输出可能对美国来说是喜忧参半”。亚瑟·杰伊·克林霍弗（Arthur Jay Klinghofer）认为，大庆的石油使中国成为东亚地区的石油强国，并在亚洲石油政治游戏中成功成为苏联的竞争对手。在他们看来，苏联专家并没有意识到中国是潜在的竞争对手，但仍然担心中国会越来越独立和自信。尽管中国的石油产量从1965年的1131万吨增加到1979年的1.0615亿吨，但是中国注定不会成为下一个科威特或沙特阿拉伯。

20世纪80年代，中国成为除中东地区之外的世界第四大石油生产国，开始在国际市场上销售石油，与日本、泰国、菲律宾、罗马尼亚和中国香港地区签署了销售合同。然而，中国作为石油出口国的身份很快就结束了。1978年实行改革开放政策之后，中国成为“世界工厂”，经济快速发展加速了国内石油需求。早在1993年，中国就从石油净出口国转变为石油净进口国。到20世纪90年代中期，所有促进国内能源产能的办法都效果甚微，很明显，在中短期内，中国将无法克服其对外国化石能源的依赖。

位于甘肃省西北部的中国第一个石油重镇玉门，在老君庙油田的储量耗尽时，玉门老城区已经变成了一个“空城”。大庆也经历了经济衰退，但由于其著名地位，它未蹈玉门的覆辙。21世纪初，中央和黑龙江省政府密切关注大庆的后工业转型和经济发展。

大庆人口老龄化严重，人口下降速度快。政府加大了对大庆的基础设施的投资。铁人王进喜纪念馆（图 3.1）于 1971 年开放，随后相继于 1991 年和 2004 年进行了扩建。2006 年，新的纪念馆综合体落成，以庆祝大庆油田发现 47 周年。它占地 11.6 万平方米，包括一个内有高 30 米的王进喜花岗岩雕像的公园和一座拥有约 2000 件展品的博物馆。

图 3.1　铁人王进喜纪念馆（2016 年 11 月）

除了铁人王进喜纪念馆，大庆和世界上其他主要石油城市一样，有着一座讲述其石油故事的博物馆。大庆油田博物馆的主要展览分为三部分：松辽惊雷，油出大庆；大庆精神，民族之魂；

大庆赤子，油田脊梁。展览的大部分由栩栩如生的标本和文物组成，包括大庆石油工人和管理人员的个人物品（图 3.2）。它还展示了大庆石油工人的艺术作品（图 3.3 和图 3.4）。因此，大庆油田博物馆不是工业博物馆，而是精神遗产的展示：几乎全部在讲述中国石油工业建造者的故事，而不是石油工业本身的历史。同时，这些故事与新中国成立以来关于中国发展历程的官方文件保持一致。从这个意义上说，大庆油田博物馆是中国政治历史博物馆，展示了石油工业自 20 世纪 50 年代以来在中国发展过程中扮演的角色。

图 3.2　石油工人下班后学习毛主席的《矛盾论》和《实践论》（模型）
大庆油田博物馆（2016 年 11 月）

图 3.3　铁人王进喜在学习毛主席的《矛盾论》和《实践论》(模型)
大庆油田博物馆（2016 年 11 月）

图 3.4　大庆的诞生：以新的巨大成就迎接国庆
大庆油田博物馆（2016 年 11 月）

2003年，为了避免油田枯竭，中国石油决定将大庆油田产量降至803.289千桶/天。大庆成为“百年油田”，这意味着它将运行一个世纪，并被认为在2060年前是中国国内主要的石油生产基地。[①]大庆未来几十年的目标有两个：尽可能长时间保持高产稳产，以缓解国内石油需求紧张，维护国家能源安全；促进黑龙江省的经济发展，振兴东北地区的老工业基地，以支持国民经济的稳定增长。因此，尽管大庆不再是蓬勃发展的工业中心，但它仍然是发展的象征。重要的是，它仍然在中国追求最大限度的自力更生的道路上发挥着至关重要的作用。

“走出去”战略以及21世纪初到21世纪第二个十年中期中国国家石油公司状况

20世纪80年代，中国的石油消耗年均增长5.4%。1993年，中国的石油消耗超过了本国石油产量，因此中国成为石油净进口国。2002年，中国仍然是中东地区国家以外的世界第四大石油生产国，但却成为世界第二大石油消费国。从1993年到2015年，中国的石油净进口依存度[②]从8%上升到59%（表3.1）。到目前为止，中国仍只能通过大规模进口满足自身石油需求。

---

① 21世纪初开始，中国不仅继续发展大庆油田，还开始建立战略石油储备体系。目前中国战略石油储备的产能为3690万吨油当量，相当于2016年约30天的石油进口量。

② 净进口依存度是指石油净进口量占石油总消费量的百分比。

表 3.1　1993—2016 年中国石油生产、消费和贸易数据表

年份	产量（百万吨油当量）	消费量（百万吨油当量）	进口量（百万吨油当量）	出口量（百万吨油当量）	净进口量（百万吨油当量）	净进口依存度（%）
1980	105.95	86.66	8.27	-18.06	-9.79	-11
1985	124.90	89.75	9.00	-36.30	-27.30	-30
1990	138.31	112,86	7.56	-31.10	-23.55	-21
1993	144.03	145.79	36.20	-25.10	11.10	8
1994	146.08	148.12	29.00	-23.80	5.20	4
1995	149.02	160.20	36.73	-24.55	12.19	8
1996	158.52	175.67	45.40	-27.00	18.40	10
1997	160.13	192.15	67.90	-28.20	39.70	21
1998	160.18	197.08	57.40	-23.30	34.10	17
1999	160.22	209.33	64.80	-16.40	48.40	23
2000	162.62	224.22	97.49	-21.72	75.76	34
2001	164.83	229.09	91.20	-20.50	70.70	31
2002	166.87	248.10	102.70	-21.40	81.30	33
2003	169.59	276.94	131.90	-25.40	106.50	38
2004	174.05	323.41	172.90	-22.40	150.50	47
2005	181.35	328.93	171.16	-28.88	142.28	43
2006	184.77	353.15	194.50	-26.30	168.20	48
2007	186.32	370.66	211.40	-26.60	184.80	50
2008	190.44	378.06	230.16	-29.40	200.76	53
2009	189.49	392.81	256.42	-3.92	252.51	64
2010	203.01	448.49	294.37	-4.08	290.29	65
2011	202.88	465.11	315.94	-4.12	311.82	67
2012	207.48	487.07	330.89	-3.88	327.00	67
2013	209.96	508.14	281.74	-1.62	280.13	55
2014	211.43	527.96	361.80	-4.21	357.58	68
2015	214.56	561.84	335.48	-2.87	332.62	59
2016	199.69	587.66	—	—	—	—

数据来源：BP Energy Charting Tool and NBSC。

1997 年，国务院总理李鹏发表的《中国的能源政策》一文指出，国内原油和天然气的增长跟不上经济发展的需要，发展石油工业要立足国内，走向世界，积极与国外实行多种形式的合作。这篇文章表明中国的能源战略由“自力更生”向“走出去”转变。中国国有三大石油公司——中国海油、中国石化、中国石油成为“走出去”战略的实施者。

20 世纪 80 年代石油工业部重组，成立了三家国有石油公司。中国海洋石油总公司成立于 1982 年，以石油工业部的海上石油资产为基础。1983 年，中国石油化工总公司由石油工业部和化学工业部的下游业务为基础创建。中国石化管辖全部下游业务，负责运行所有炼油厂、销售和化工生产业务。1988 年，中国石油天然气总公司成立，接管剩余的陆上上游石油和天然气生产业务。中国政府通过价格自由浮动、引入管理激励政策和内部市场竞争等措施，鼓励了中国海油、中国石化和中国石油的发展和增长。20 世纪 90 年代末，中国的国有石油公司已经准备好“走出去”。事实上，在政府将“走出去”纳入国家能源战略之前的几年里，国有石油公司就已经开始在中国境外投资开发新的石油资源。

然而，中国的国有石油公司在国际能源市场上崭露头角，其海外投资急速增长发生在政府正式批准之后。20 世纪 90 年代，国有石油公司将其投资投向了已探明储量的油田，并将其海外生产的石油运回国内。到了 21 世纪最初十年中期，中国国内炼油厂产能扩大，国有石油公司投资趋向多元化，开始投资各种类型的油田业务，包括生产与勘探。同时，国有石油公司开始瞄准未探明勘探区块进行勘探，并从地域上扩大了作业范围。2005 年至 2006 年期间，中国国有石油公司的海外并购业务达到顶峰，93% 的海外产量在当地市场销售，而权益油[①]仅占中国石油进口的 15%。2008 年全球金融危机后，中国国有石油公司加快海外作业步伐。

中国专家报告称，尽管中国政府没有向国有石油公司明示投资地点、投资方式和投资时间，但所有海外项目都必须得到国家发展和改革委员会及外交部的批准才能启动。换言之，中国政府监督和支持但不具体操作国家公司在海外的油气活动。

中国的“走出去”能源战略不仅支持国有石油公司的对外投资，还将能源安全目标与外交政策和外交努力相结合。正如北京大学政治学家陈少峰所指出的，“确保海外能源资源和进口来源多元化事实上已被纳入中国的外交战略”。在 21 世纪初，中国推进了与伊朗、苏丹、利比亚、缅甸、俄罗斯和哈萨克斯坦等石油国家的双边关系。外交部介入能源交易，使其成为中国能源战略发展中具有影响力的利益相关方。

北京大学政治经济学家查道炯指出，20 世纪 50 年代至 70 年代，中国在紧张的国际环境中坚持了 20 年的自力更生；直到 20

① 权益油（股权油、股本油）是特许权所有人根据法律和合同，有权获得的产量比例。

世纪 90 年代初，中国都不担心能源安全问题；21 世纪初，显然能源自给自足的时代已经过去，这时中国别无选择，只能学习如何在相互依存的世界里生存。然而，自力更生的传统及其对中国能源安全的影响仍然很强烈。在“走出去”战略的早期，中国仍然极力维持其不受国外控制的自由，尽量减少外部带来的影响。从这个意义上讲，“走出去”战略不应被视为是中国能源自力更生战略的替代品，而是自力更生战略的延伸和演变。

中国能源发展的新变量：可持续发展与环境保护

能源，特别是石油，在中国成了意识形态问题，成了国家安全问题。所以，21 世纪初，中国的能源安全问题只限于供给侧，政府没有特别关注国内能源消耗问题，没有把清洁能源开发提上议事日程。中国的能源安全只专注于经济发展，在此思想指导下，能源被视为战略物资，而不是可以由市场自由配置的普通商品。21 世纪初，无论在中国国内还是国外，起初对中国能源依赖进口的恐慌，逐渐消退。中国政府认可大量进口石油是中国的新常态，对进口能源的日益依赖不是中国唯一的能源问题。

中国化石燃料的大量使用和碳密集型发展模式，也加剧了环境恶化的程度。21 世纪初，严重的雾霾笼罩着北京、重庆、天津、上海、哈尔滨、乌鲁木齐和许多其他中国主要城市，能见度降低，严重干扰了交通和日常生活。中国能源消耗产生的二氧化碳排放量远远高于任何其他国家。燃煤是造成空气质量下降和二氧化碳排放增加的主要原因：燃煤“贡献”了大约70%的粉尘、氮氧化物排放量和二氧化碳排放量和90%的二氧化硫排放量。然而，运输业和工业日益增长的石油消耗，也是环境恶化的原因之一。环境破坏开始威胁中国的经济增长，而收入增加和城市化的迅速进程提高了对环境保护设施的要求，从而增加了环境保护的政治压力。

21世纪初期，中国政府从以GDP增长为衡量标准的经济发展模式，转向以改善国家环境和社会可持续发展为衡量标准的发展模式。政府承诺根据“人民满意程度”评估中国的发展成就。中国的新愿景是“和谐”，一个带有儒家色彩的概念。在国内层面，“和谐”被定义为“整个社会以可持续和均衡的方式发展”和“以人为本”。中国政府将其归纳为五个主要的并相互依赖的发展目标：（1）城乡协调发展（强调农村发展）；（2）区域协调发展（强调缩小沿海省份与全国其他地区之间的差距）；（3）经济与社会协调发展（重点是创造更多就业机会和提供更好的社会服务）；（4）人与自然协调发展（强调资源节约和环境保护）；（5）国家发展与国际市场开放之间的协调。

“和谐”成为2007年召开的中国共产党第十七次全国代表大会的中心主题，并确立“和谐社会”的概念。会议结束后，“和谐发展”的概念在全国推广：大学管理部门敦促学生“让校园生活和谐”；出租车公司鼓励乘客与司机保持和谐关系；当地农贸市场也提倡“和谐经商”。[1]

和谐发展的新模式，也成为中国在国际交往中追求的目标。2007年，政府主张“各国人民携手努力，推动建设持久和平、共同繁荣的和谐世界”。承诺中国走和平发展道路，号召和平，指出“这是中国政府和中国人民根据时代发展的潮流和自身利益做出的战略抉择”。

这一时期强调的“科学发展观”，与国内和国际层面的和谐发展追求相一致。“科学发展观”不是关于科学本身，而是关于发展质量，因为它包含了协调和全面发展的概念。在国际层面上，中国政府将“科学发展观”与国际可持续发展论题联系起来（重点是关注气候变化）。相反，在国内层面，重点是利用创新、技术和专业知识解决中国社会问题和生态问题。

中国能源话语政治学

石油对中国意味着什么？

正如本章第一部分所述，在现代中国，石油的可获得性从一开始就被意识形态化，并被视为国家安全问题。从20世纪50年代初到21世纪初，中国对能源安全的理解仅限于能源供应方面，并侧重于石油。随着中国石油进口的快速增长，尤其是21

① 作者于2007年12月和2008年3月至7月在北京和西安进行了调研。

世纪最初十年中期，随着对可持续发展的关注，能源短缺已不再是中国的内部问题，能源安全的概念也开始国际化，其含义有所延伸。

2006年至2016年期间，能源安全被列入一系列新的非传统安全威胁之中。能源安全被认为是全球发展最大的挑战之一，其他挑战还包括跨国恐怖主义、跨国网络犯罪、食品安全、传染病、自然灾害、气候变化等。中国官方对能源的表述强调国际体系互相关联，使得体系内的所有国家的能源开发都具有全球意义。

在能源国际化的同时，能源安全概念也开始融合能源发展的新空间。21世纪，中国的能源资源应该是稳定、安全、经济高效的和清洁的。从这个意义上说，中国政府认为中国的能源发展不仅能支撑国内经济和社会发展，而且对全球能源安全也能做出重大贡献。

能源安全概念范围，现在已经超越了化石燃料的供应安全。中国已成为世界上最大的可再生能源技术生产国和可再生能源消费国。2005年颁布的《中华人民共和国可再生能源法》（2009年修订）和2007年颁布的《中华人民共和国节约能源法》是中国“绿色”能源和“可持续”能源发展的官方制度保证。《中华人民共和国可再生能源法》规定了强制性电力并网、价格管理法规、专项资金和税收减免等相关的措施和目标。《中华人民共和国节约能源法》旨在加强国家层面的节能工作，特别是重点耗能实体的节能工作。本法还鼓励能源的有效利用、节能技术的采用以及可再生能源在各个领域的应用。2009—2010 年，可再生能源和相关技术开发成为中国能源政治话语的核心。中国政府意识到，“如果中国现在忽视可再生能源产业，在未来十年内，它将突然发现自己再次落后于其他国家”。由于思路转变，“科学和技术”成为中国能源发展的新口号。

对能源安全概念更宽泛的理解与“和谐社会、和谐世界”和“中国和平崛起”相关联，它们具有共同的逻辑思维。例如，2007 年《中国能源发展报告》的作者重新阐述了“和谐社会”和“和谐世界”的概念，重点强调“发展”和“和平”理念。前言部分，报告将能源资源可获得性描述为“发展”的先决条件，能源短缺也是“和平”的潜在障碍。强调全球对能源资源的追求导致不同国家阵营之间的激烈竞争，加剧不信任，并增大了大国之间发生冲突的可能性。主张在能源开发领域开展“和平国际合作”，将重点从地缘政治转移到综合、可持续和高效开发上来，这是全球能源问题唯一的解决方案。在国际层面改变解决能源安全问题的办法，将会产生完全不同的效果。如果采取更包容、更合作的能源交往模式，那么全球北方国家将会明白他们的国家能源安全并不会受到中国、印度等发展中国家增加能源需求的影响。

中国政府认为，能源短缺造成了世界的不平等，造成全球南方 21 世纪发展的障碍。每个国家都有充分利用能源资源促进自身发展的权利。依此为据，认为人类发展应优先于环境改变。中国官方并不否认气候变化造成了负面影响，并且其与快速生产和化石能源消耗有关。以气候变化为由给全球能源消耗设限，是阻碍全球南方国家发展、阻碍减少贫困的行为。

中国官方强调全球化和相互依存，并找到了国际政治领域相互矛盾的能源问题的解决方案。首先，全球北方国家必须认识到其对全球南方国家的“历史责任”，并据此采取相应行动，展示政治善意，以确保更公平、更平等的全球能源发展。其次，全球南方国家应该发挥自己的潜力，抓住机会，配置其经济增长所需的能源资源。中国现在将经济增长视为手段，而非目的。按照“和谐社会、和谐世界”的逻辑，中国敦促全球南方国家不仅要将经济成功置于优先地位，而且要展现从根本上改变能源消费模式的政治意愿。主要依据是，19 世纪和 20 世纪全球北方国家形成的能源消费模式对南北双方的共同未来是不健康和不可持续的。

尽管人们普遍承认，化石能源消耗的增加对环境造成了破坏，21 世纪太阳能、地热、风能、生物质燃料和其他非常规能源也在快速扩张，但是石油仍然在中国保持重要能源的地位。在中国能源思维中，石油起主导作用，因此研究能源安全的话语中，“能源”和“石油”术语被频繁替换。许多中国学者明确或含糊地将能源安全定义为石油供应的安全。同样，能源自给自足通常也被理解为由国内石油供应满足石油消费需求。2005 年至 2016 年间，相关期刊上发表的绝大多数学术文章，从美国学者对能源安全的定义视角，审视中国的能源发展过程。这些研究强调了对相对收益的关注，并优先考虑解决短期和中期的能源安全问题，重点强调如何获取石油。特别是中国能源战略研究中最常提到的不确定性的问题——马六甲海峡是否可靠。这被称为“马六甲困境”。此海峡是中国从中东地区和安哥拉进口石油的通道。

学术研究的切入点，反映了官方的能源话语。该话语将石油短缺描述为是对中国发展的安全威胁和基本困局。此外，官方能源话语还经常将能源安全定义为石油供应的可靠性和石油的可获得性。中国 2012 年发布的《中国的能源政策》白皮书强调，“资源约束矛盾突出”“能效效率有待提高”和“环境压力不断增大”是能源发展的“严峻形势”。还将与石油有关的国家能源安全的“严峻形势”定义如下：

> 近年来，中国能源对外依存度上升较快，特别是石油对外依存度从本世纪初的 32% 上升至目前的 57%。中国石油海上运输安全风险加大，跨境油气管道安全运行问题不容忽视。国际能源市场价格波动增加了保障国内能源供应难度。中国能源储备规模较小，应急能力相对较弱，能源安全形势严峻。

石油在能源安全问题中占核心地位，总体预示着有了石油能源发展就是安全的，意味着能源资源的治理和管理是一个国家的战略任务。因此，尽管总体而言，能源发展被视为全球面临的挑战，应归为国际政治问题范畴，而不是纯粹的经济问题或安全威胁问题。但中国对石油的态度截然不同。

中国的石油工业：在“社会主义市场经济”背景下再造大庆精神

大庆精神继续体现着中国对石油的抱负，鼓舞着中国的石油政治。习近平指出，大庆精神仍然是中华文化的重要组成部分，大庆这座现代化油城，在实施清洁发展、科学发展战略中发挥重要作用。张国宝 2012 年发表在《人民日报》的文章，明确叙述了大庆精神在中国当代石油话语中的作用。文章对中国石油工业的发展给予了积极的评价，强调了中国海上石油开发的成功，总结说，21 世纪初，中国已经在海上再造了一个大庆。

中国政府要确保人民能够正确理解这些比喻。正如上文提到的，中央和省级政府扶持大庆日渐衰落的经济，并投资其博物馆基础设施建设，使大庆成为吸引国内游客的旅游目的地。社会科学家和企业管理研究人员研究了大庆精神的演变。东北石油大学（位于黑龙江省大庆市）和东北师范大学（位于吉林省长春市）都有大庆精神研究中心，并将大庆故事纳入党校课程内容。此外，在政府的支持下，大庆精神——即爱国主义、创业精神、实事求是和奉献精神——在电影或电视节目中得以展现。电影《铁人》就是一个很好的例子。电影《铁人》是在 2009 年庆祝中华人民共和国成立 60 周年之际发行的。

《铁人》的主要情节是王进喜领导的几位大庆石油工人的故事，与发生在现代的故事交替讲述。发生在现代的故事集中在虚构人物刘思成身上。刘思成是王进喜一个战友的儿子，是一位钻井队的队长，继续着他父亲的事业。21世纪初，刘思成在一片无名沙漠里，力图找到石油。刘思成收藏王进喜的遗物，并对大庆的早期历史着迷。观众通过刘思成回忆与父亲的对话，了解大庆精神。在事业追求过程中，这位年轻人强烈地热爱着大庆精神。

这部投资5000万元人民币的电影由新闻出版总署资助。《人民日报》评论《铁人》为“一部充满激情的伟大荧屏观赏片”。《铁人》是中国政府力图使大庆及其精神永世流传所做的努力。正像大庆油田博物馆解说词讲的一样:“铁人”是一个宣传媒介，传递了政府的官方话语，包括石油话语。

大庆作为中国石油工业典范的论述不仅得到了政府的支持，也通过中国国有石油公司的话语得到了加强。例如，中国石油官方网站上有一个“大庆精神”专页，将其概括为“充满活力、忠诚老实、诚实可信和坚定不移”，将企业历史与“中国工业奇迹”关联起来。中国石油大力宣传“先驱代表”老石油工业英雄王进喜和新石油工业英雄王启民的事迹。王启民自进入大庆石油管理局勘探开发研究院工作以来，“自觉以老铁人王进喜为榜样”。在传奇“铁人”的启迪下，王启民提出了一套油田开发方法，帮助大庆油田实现了连续27年保持5000万吨高产稳产的目标。中国石油将王启民誉为“新时期铁人”，原因是他为弘扬“不断创新和不断改进的科学研究精神”做出了贡献。通过强调石油工人世世代代薪火相传，中国石油所讲述的故事也强化了行业发展的连续性理念。

总之，在21世纪，中国的石油工业与国家思想意识形态如同20世纪50年代初一样紧密相连。确保充足可靠的石油供应的能力，一直是共产党领导的中国取得持久胜利的标志之一。尽管中国在能源发展方面的主要战略目标已经改变，但在石油方面，中国的目标仍然是最大限度地自给自足。

2005年至2016年期间，中国一直将自己视为一个发展中国家，在能源安全问题上面临复杂和严峻的形势。为了保持中国在国际能源交往中的发展中国家地位，中国政府经常提及“金砖国家”，强调共性、共同利益和共同挑战。主导思想是，中国和其他“金砖”国家向现代富裕工业化国家的转变进程尚未完成。

时任外交部副部长傅莹在第三届世界政策会议晚宴上做主题演讲时，生动阐述了这一观点。傅莹将中国明确定义为一个发展中国家，所面临的挑战不仅仅在经济发展方面。傅莹阐述了中国如何把能源开发看作是发展权利。

中国政府强调，与西方发达国家相比，中国人均消费仍然很低，而且大量中国人口仍在经受能源短缺。以此为依据，中国官方能源话语将中国与西方发达国家做比较，西方发达国家必须“正视自己的历史责任”，并共同努力“实现全面、协调和均衡发展”。从这个意义上讲，中国的能源辨识性特征是以其正在进行的开发项目为背景的。例如，《中国的能源政策（2012）》白皮书指出：“中国是世界上最大的发展中国家，面临着发展经济、改善民生、全面建设小康社会的艰巨任务。”

中国能源消耗量与中国能源发展质量在构建中国能源特征表述方面一样重要。张国宝认为，中国不会走西方国家的发展老路。他说，中国发展模式更加强调科学发展、经济结构调整和能源结构优化，并大力促进节能减排，以及风能、水电和太阳能等可再生能源的开发。此外，他指出，在现代化的高峰期，西方发达国家人口仅占世界总人口的15%，但却消耗了世界能源资源的60%以上。相反，他认为，中国以相对较低的能源消耗增长率支持了国民经济的快速发展，与西方同行的能源发展相比，中国的能源发展是健康的。吴新雄也发表了类似的观点，他认为即使中国经济未来继续增长，中国不会重复发达国家在工业化过程中不受控制地排放温室气体的老路。

与此同时，中国强烈认同世界东方的概念，认同中国是“全球化亚洲”的一员和“亚太大家庭的一员”。这种身份认同强化了中国与西方发达国家的差异。同时，中国同亚洲的发展中国家、亚洲发达国家联合。中国有意识地选择自己的身份，坚定地将自己定位于东方（东亚和亚太地区）或全球南方国家，与西方或全球北方国家保持距离。这种自我身份表述，使中国能够宣称自己是一个特殊的发展中国家，一个有影响力的独立参与者，一个发展中国家的潜在领导者。例如，杨洁篪认为，中国具有代表全球南方国家、并在国际舞台上维护全球南方国家利益的独特能力。他进一步补充说，中国也有能力“推动全球治理机制改革”，将平等的能源开发作为主要目标之一。这一身份认同与中国官方能源话语的其他表述相一致，即中国既是消费者又是生产者。

中国作为消费者和生产者：全球能源安全的保障者

张国宝指出，中国不仅在世界最大能源消费国排行榜上名列前茅，而且在各种能源资源的生产方面也处于世界前列，他认为中国是世界能源大国。张国宝将中国视为维护世界能源稳定安全可持续供应的重要力量，指出中国的国家能源安全是（并且一直是）全球能源发展的重要问题，而不仅仅是中国应担忧的问题。例如，他认为，长期以来，中国作为一个负责任的大国，在努力解决自身能源问题的基础上，致力于推动世界能源安全问题的解决。此外，张国宝认为，这些努力不仅应该为中国赢得国际认可，而且应该为中国获得参与国际能源治理的权利。“中国是世界能源稳定安全可持续供应的重要力量”这一理念与2013年起习近平积极倡导的“中国梦”相吻合。

“中国梦”的核心是国家目标意识和人民愿望的结合，代表了全国人民的集体意志，即将中国发展成为一个富强的国家，振兴中华，造福人民。中国梦的一个重要内涵是对中国过去十年的发展成就的自信，以及与发达国家和其他发展中国家相比，中国发展的优势。这种日益增长的信心已经体现在国际关系领域。

在中国共产党第十九届全国代表大会上的报告《决胜全面建成小康社会 夺取新时代中国特色社会主义伟大胜利》中，习近平强调中国已经进入新时代。这是我们逐渐走近世界舞台中央的时代，为世界其他发展中国家提供了新的选择。中国在发展本国经济时，没有仿效西方价值观，中国特色社会主义道路、理论、制度、文化不断发展，拓展了发展中国家走向现代化的途径，给世界上那些既希望加快发展又希望保持自身独立性的国家和民族提供了全新选择，为解决人类问题贡献了中国智慧和中国方案。总之，习近平对日渐增强的国家力量表达了充分自信，认为中国发展实践对人类社会发展具有重要意义。就其他问题，如中国能源的未来问题，习近平做了两点承诺。他承诺中国将积极参与全球环境治理："引导应对气候变化国际合作，成为全球生态文明建设的重要参与者、贡献者、引领者。"他承诺，中国将"推进能源生产和消费革命，构建清洁低碳、安全高效的能源体系"。

所以，在新时代，中国不仅是世界能源稳定安全可持续供应的重要力量，也是世界发展的潜在典范。

国际能源关系体系中中国的盟友和对手

自 2013 年以来，中国一直关注"正确的义利观"，努力与邻国和发展中国家保持良好关系。该外交战略将成为新时代中国外交平稳起步的坚实基础。中国把与发展中国家的关系描述为密切和建设性的：与东盟国家的关系是“友好合作”，与中亚国家关系是“互利双赢的伙伴关系”，与拉丁美洲和加勒比海各国的关系是“人民友谊”关系，与非洲的关系是“兄弟”关系。

王毅（2013年）指出：中国的非洲政策得到了非洲政府和人民的普遍赞誉。中国长期援助非洲，不是非洲新殖民主义者。王毅确认了习近平承诺的对非洲的援助是不附加任何政治条件的，是在帮助非洲国家将其资源优势转为多元化、独立和可持续的发展模式。

同样，杨洁篪（2010年）认为，与中国合作，中国可以帮助非洲人民将其国家的能源资源转化为真正的发展优势。在回应西方对中国投资非洲石油的不满和担忧时，杨洁篪回答说，他注意到世界上有些人不想看到中非关系的发展，经常利用中非能源合作无端猜测。他指出，美国和欧洲从非洲进口的石油比中国多。在他看来，由于中国完全支持其他国家在能源领域发展与非洲合作关系，他们也没有理由反对中国与非洲建立伙伴关系的努力。最后，杨洁篪还强调，“非洲是属于非洲人民的，非洲人民才是非洲的主人，其他人都是客人”，因此各国应尊重非洲国家自主选择合作伙伴和朋友的权力。

按照同样的思路，中国明确表达了其在中亚的政治和经济设想。中国官员强调“上海精神”是上海合作组织的一个基本属性，上海合作组织是新型组织，倡导和平、合作、开放、和谐。中国认为自己是上海合作组织创始国之一，是主要倡导者和构思者。

上海合作组织为中亚提供了一个平台，建立基于外交政策多元化、国际化、互利共赢、共同发展为目标的平等伙伴关系。能源合作被列为多项“务实合作”的选项之一，其他还包括社会人文交流和共同打击“三股势力”，即毒品交易、跨国犯罪和网络犯罪。总而言之，中国认为自己是中亚地区有资历但仍推崇平等的合作伙伴，开展无附加政治条件的合作。

因此，中国往往被“朋友”“兄弟”和全球南方“友好邻邦”所围绕。21 世纪最初十年，中国在南南能源合作领域的合作话语中，“合作共赢”为使用频率最高的词语。中国对所有全球南方国家的愿望都是减少全球发展不平等和不平衡，使各国人民共享世界经济增长成果。然而，当牵涉到能源话语政治，中国与全球北方国家的合作就复杂得多。

中国官员称，欧盟在国际政治舞台上扮演着重要角色。中国仍然为欧盟成员国提供成为中国“全面战略伙伴”的机会，并邀请它们与中国“加强协调和合作”。然而，在狭义的中国能源话语层面，欧盟中一些国家变成将中国视为威胁的“那些国家”，他们将中国与其他发展中国家的合作称为新殖民主义，并质疑中国和平崛起的可能性。“那些国家”也试图限制中国获得能源资源，从而阻止中国缩小南北差距和加强南南合作的努力。

除了欧盟中一些国家，“那些国家”还包括美国。时任外交部副部长傅莹在讲话中敦促发展中国家的代表“将中国视为（他们的）伙伴”。傅莹在提到《纽约时报》的一篇文章时，鼓励发展中国家不要在意“那些国家”的观点，“那些国家”把中国视为“地球上所有问题的替罪羊”。她强调，中国是“一个非常容易找的替罪羊，因为，尽管‘那些国家’的媒体高举言论自由的神圣大旗，但他们对向本国读者介绍中国的看法兴趣索然。中国民众的讨论也很难通达西方公众”。

新建设一个海外大庆

江泽民提出了“中国特色的新型能源发展道路”的六大支柱：节能、能效、多元化能源开发、环境保护、技术进步和国际合作。他提醒他的继任者，未来几十年将是中国经济社会全面发展的关键时期，将见证中华民族的伟大复兴，因此能源开发的任务非常艰巨。这一演变过程说明，中国最近三代领导人就中国能源战略应该如何发展达成了普遍共识，延续了江泽民提出的框架，到习近平时代进一步深化。

自 21 世纪初，中国能源发展的总体目标一直是可持续经济增长和社会稳定。中国一直选择“上述所有”能源战略：确保化石燃料的稳定供应，同时启动向“绿色”燃料的过渡，并启动全面的资源节约计划。

在 2011 年中国和平发展研讨会上，杨洁篪将不断增长的能源消耗与环境退化联系起来，并将下面两个问题确定为中国发展的主要“瓶颈”。他进一步主张：

自力更生是发展的立足点，发展归根结底要靠自己。共同繁荣是发展的目标，各国只有将自身发展同世界共同发展结合起来，才能真正实现可持续发展。

然后，杨洁篪明确将中国能源战略与“和谐社会、和谐世界”和“中国和平崛起”概念关联起来。然而，他强调中国坚信能源合作可以达到互利双赢，并在能源开发领域避免冲突。中国的能源发展方式，能为全面建设小康社会、为世界经济发展做出巨大贡献，并为此提供能源保障。

中国从“现代化”和“改革”其自身的能源系统的承诺，迅速转变为“能源生产和消费改革”。根据中华人民共和国国务院《中国的能源政策（2012）》白皮书，中国正在探索和实践新的能源开发方式，确保能源可持续发展。习近平把中国能源战略总结为“四个革命”和“一个合作”：（1）推动能源消费革命，抑制不合理能源消费；（2）推动能源供给革命，建立多元供应体系；（3）推动能源技术革命，带动产业升级；（4）推动能源体制革命，打通能源发展快车道。除了中国国内能源发展的这“四个革命”外，习近平还强调全方位加强国际合作，实现开放条件下能源安全。吴新雄解释习近平的能源计划时说，该能源战略是中国外交政策的延伸，是“一带一路”倡议的延伸。

截至 2016 年，中国海油、中国石化和中国石油贡献了中国石油行业总收入的 92%。他们在 30 多个国家开展业务，其中在至少20个国家拥有权益产量。中国坚持“中国优先”的原则,“通过加强国内能源供应能力，以国内资源开发为重点，不断提高控制对外石油依赖的能力”。因此，在支持国有石油公司和扩大能源外交范围的同时，中国政府仍然主要关注石油的可获得性，不打算改革其保障供应安全的方法。按照自力更生的逻辑，中国正在“建设海外大庆”。从这个意义上讲，中国在总体能源政治上，尤其是在石油问题上，自力更生仍然在制定能源政策和发展与资源国关系方面发挥着突出的作用。

中国能源范式：学大庆

在国际层面上，当前世界秩序根本上不平等，而且长期不平等。基于此，中国呼吁缩小全球北方与全球南方的差距。在这一背景下，中国能源范式最重要的两个维度是：

- 获得能源，特别是化石燃料，是发展的先决条件。
- 能源资源的全球配置既不是纯粹的经济问题，也不只是安全问题，而首先是国际政治问题，因为能源开发是每个国家的权利。

能源安全概念的核心是发展。能源安全的定义与和谐发展思路一致，体现在21世纪初中国提倡的“和谐社会、和谐世界”和“中国的和平崛起”的发展愿景之中。按照中国新提出的能源范式，能源安全概念含义更加宽泛，现在也涵盖了可持续发展和有意识保护环境的发展。此外，能源安全的概念开始国际化。因此，能源短缺变得更加政治化。能源短缺政治化的前提是，具有约束力的国际规则和条例应规范能源资源的配置。这也意味着，国际能源关系可以而且应该是一个正和博弈。

然而，在国内层面上，能源安全主要是指石油供应的可靠性。和以前一样，中国将石油短缺视为对国家发展的根本威胁，认为它是国家衰弱的根源。因此，当谈到石油时，中国的能源战略被确定为寻求一个“新的大庆”。

总而言之，中国的能源范式存在不一致的地方：在国际层面上，能源短缺是政治问题，而在国内层面上，能源短缺基本属于安全问题。中国在国际层面积极推动能源发展合作，不鼓励采取紧急、特别措施来解决能源短缺问题。尽管如此，当牵涉到石油时，中国仍然不急于让相互依赖取代自力更生。

中国能源模式的一个重要组成部分是中国的能源定位。中国将自己定义为发展中国家，捍卫其获得能源资源以谋求发展的权利。中国还与资源丰富的发展中国家建立合作关系，开展“双赢”的南南合作，在全球范围内寻求能源。在此，中国以圈内成员的身份出现，提倡平等的合作关系和无附加条件的合作关系。中方认为这种合作关系比与全球北方的关系更有益。根据中国的官方能源话语，全球南方国家乐于接受与中国的“双赢”合作的机会，而全球北方“那些国家”对中国的和平崛起还仍持怀疑态度。

20世纪50年代，大庆石油开发和生产的英雄故事是这个石油生产企业出名的基础。在国内，这样的故事传播甚广。而在国际层面上，中国石油生产国身份主要证据是其可靠、持久的能源自给自足历史。中国的能源消费被描述为，与全球北方相比，中国的能源发展是负责任和适度的，并在“绿色”和“清洁”能源方面的发展有所成就。中国官方能源话语将过去的历史和当前的成就描述为对未来的承诺。中国是最大的能源消费国和生产国，这些特征与其发展中国家的身份相融合。因此，中国不仅成为资源丰富的发展中国家的首选合作伙伴，还使其在国际能源政治中对全球南方国家利益的代表性合理化。此外，通过将这两个身份结合，中国削弱了全球北方国家在国际能源政治中领导地位的可信性，特别是弱化了全球北方国家批评中国能源选择的权利，即批评中国国内能源消费制度，或批评与发展中国家的能源合作。总体说法是，中国是保障全球能源安全的力量，能够解决能源开发问题，能够为其他参与能源合作的各方带来利益，包括全球南方和全球北方的参与国。

中国官方能源话语详细描述了中国“绿色”和“清洁”能源的未来。中国明确了其能源发展的最终目标是自力更生，在全球能源政治中起到新的积极作用，为所有其他参与国带来利益。值得注意的是，中国政府代表承诺将资源丰富的国家的“资源优势转化为发展优势”，并促进其“多元、独立和可持续发展”。中国对国有石油公司在资金和外交上大力支持，帮助企业打开了许多通道，并帮助他们将大量海外生产的石油带回国内。然而，中国在全球北方和全球南方的经历差异很大。

下面两章将探讨中国与俄罗斯和哈萨克斯坦这两大石油生产国的关系。研究中国和这两个石油国家之间的双边能源合作如何开展，我重点关注两个相互关联的目标。第一，继续定义和解析中国的能源范式，重点是中国的能源范式在与两个能源生产国合作过程中如何体现出来，如何得到落实。第二，分析本书前面提到的问题：作为重要能源消费国，中国如何影响其他石油国的能源范式，以及他们对中国的看法如何演变。

4

中俄能源关系

2019 年是中俄建交 70 周年。这两个近邻之间的关系不乏动荡不稳时期，充满了亲近和对抗。进入 21 世纪以来，于 1996 年正式宣布的战略协作伙伴关系声明，开始转变成实际合作项目。中俄两国代表一致宣布，两国关系比历史上任何时候都更加紧密。一些俄罗斯专家支持与中国发展更紧密的关系，但也有专家担心双边关系变得越来越不对称，担心俄罗斯在经济和政治上越来越依赖中国。许多专家还害怕中国在欧亚大陆（通常被视为俄罗斯的后院）日益增长的吸引力。还有学者担忧会出现两极世界经济秩序，其中俄罗斯将在中国和美国之间处于从属地位。就中国方面而言，专家们注意到，普京政府对西方采取了明显具有攻击性的方针。除少数学者外，多数中国学者认为中国应该避免这种新的地缘政治竞争。虽然认识到了阻碍中俄建立更紧密联盟的制约因素，但几乎所有学者都同意，中俄非常适合建立能源合作关系。

如前一章所述，苏联向中国提供了发展现代石油工业所需的技术、设备和专业知识。1958年，随着中苏关系恶化，这一援助突然取消。在随后的30年中，两国独立发展了各自的能源工业。20世纪90年代中期，俄罗斯从苏联解体中开始复苏，其经济、商业、外交和政治优先顺序发生了变化。相比之下，中国正在成为石油净进口国。因此，俄罗斯和中国的政府及国有石油公司开始对彼此产生兴趣。2001年签署的《睦邻友好合作条约》，明确指出能源是关键的合作领域。然而，俄罗斯和中国真正的能源合作是在2005年之后才开始的。尽管建设从俄罗斯直达中国的石油管道有着不可否认的合理性，但两国的国有石油公司直到2011年才完成该项目。21世纪最初十年中期，俄罗斯和西方关系迅速恶化，在此背景下，中俄能源合作出现了转机。到2016年，俄罗斯成为中国第二大石油供应国，而中国超过德国成为俄罗斯石油的最大进口国。预计俄罗斯对中国的石油出口将进一步增加。

本章的第一部分专门讨论俄罗斯及其能源话语政治。就两个相互构建的话语——能源超级大国论和原材料附庸国论——提出了质疑并解释了它们如何塑造俄罗斯的能源政治。此外，本章将再次提到中国，首先概述中俄能源关系的发展，重点是2005年至2016年之间的石油相关交易。其次，解释中国和俄罗斯的能源范式如何在双边能源关系中体现和实施，以及产生了什么影响。

俄罗斯的能源话语政治

普京的能源话语政治：俄罗斯是能源超级大国

自普京1999年当政以来，俄罗斯一直明确宣称自己是一个超级大国，是“地缘政治的主体”，并照此行事。“超级强大”被视为俄罗斯固有的特质，原因是其广袤的国土面积、丰富的资源、灿烂的文化和悠久的历史。作为一种特质，“超级强大”就成了俄罗斯固有的、基本的特征，不是轻易就可以改变的。换句话说，俄罗斯的大国地位是真实存在的。政治精英们普遍认为，俄罗斯的“超级强大”在国际层面必须得到再次确认。然而，只有当21世纪初普京基于固有的基础重新声明俄罗斯的大国地位时，俄罗斯再次成为大国才变得更加清晰。我们知道，这一时期，石油价格飙升，俄罗斯重新把重点转移到控制能源资源。

2005年12月，在俄罗斯联邦安全委员会的一次会议上，普京宣布俄罗斯将成为全球能源行业的领导者和发展趋向的“引领者”。根据普京的说法，在21世纪，拥有能源资源财富是俄罗斯的“天然竞争优势”，它不仅将成为牵动俄罗斯经济向前发展的“火车头”，还将帮助俄罗斯提高其在国际舞台上的地位。时任普京总统办公厅副主任弗拉季斯拉夫·苏尔科夫对俄罗斯未来的看法更加直截了当：“如果你有强壮的腿，你应该去跳远，而不是下棋。”普京本人有意避免使用“超级大国”一词。而苏尔科夫解释说，虽然“自由蒙昧主义的倡导者”认为市场自由化是俄罗斯经济发展的驱动力，但普京提出了一个“实用模式”，即“俄罗斯为能源超级大国的概念”。2006 年 7 月，在圣彼得堡举行的八国集团首脑峰会期间，普京在讨论全球能源安全问题时，向全世界说明了俄罗斯是世界能源领导者的概念。在其第二个总统任期（2004—2008 年）结束时，普京成功重新夺回了国家完全控制能源体系的权力，并“发现了能源交易‘证券化’的价值”，积极明确地将能源资源作为调节俄罗斯外交政策的工具。因此，在 21 世纪初，俄罗斯要成为超级大国，就意味着要成为能源超级大国。

在随后的十年中，俄罗斯国内政治充满了内在矛盾，但机会主义是一个内生变量，而不是俄罗斯政治的永恒特征。正如罗伯特·奥尔东（Robert W. Orttung）所解释的那样，俄罗斯在 21 世纪初的政治变革并不仅仅是由不断增长的能源收益推动的。相反，俄罗斯的政治呼应了普京对 20 世纪 90 年代俄罗斯的认识，并代表了普京努力“纠正那个时代他认为所犯的一些错误”。[①] 从这个意义上说，尽管普京恢复俄罗斯在 20 世纪 90 年代失去的帝国特权[②] 的计划从石油收益的大幅上涨中获益匪浅，但并不

---

① 正如塞恩·古斯塔夫森所说，在能源行业，“市场改革出现了无法挽回的错误”。石油工业的市场自由化是 20 世纪 90 年代的产物，这一时期俄罗斯人通常称其为“草率而邪恶的 90 年代”“混乱的时期”或“动荡的时期”。

② 帝国特权是帕沙·查特吉提出的概念。被理解为一个帝国自我主张所享有的权利，即在其势力范围内，宣布殖民特别权。例如，宣布其他政治实体因无能力管理自己的事务而需要殖民者的干预。

是由石油收益上涨直接引起的。正如安娜·阿普尔鲍姆（Anne Applebaum）所指出的，重要的是与普京政治领导结合的治理理念，构成了“精心设计的治理体系，并形成了精心构思的制度”，因此我们应该将其作为一种意识形态来看待。将俄罗斯建设成为能源超级大国是这一意识形态体系的核心主题之一。

21 世纪初期，普京政府为描述俄罗斯“超级强大”的理念，有意识地为俄罗斯选择了辨识性特征。尽管 2011 年后普京政府将树立俄罗斯身份形象的重心转移到“宗教、爱国价值观、军事成就和捍卫俄罗斯族权利”上，能源超级大国的思想继续影响国内政策和外交政策目标顺序的设定。

21 世纪初期，解释能源超级大国论的意识形态价值观的例证是将这一概念与俄罗斯取得第二次世界大战胜利的历史相结合。例如，2015 年苏联卫国战争战胜纳粹德国的年度庆祝活动（胜利日）期间，在莫斯科高尔基中央文化休闲公园前的广场上，摆放了一个名为“取得伟大胜利的能源”的大众多媒体艺术装置。该装置展现了天然气、电力和石油能源的符号：天然气钻机、输电塔和抽油机（图 4.1 和图 4.2）。根据公园管理员的新闻发布，这些装置是用来纪念“能源工业在战争期间在国家经济发展中的作用，纪念苏联能源工程师们的英雄行为，是他们与苏联人民共同战胜了纳粹德国”。由俄罗斯国家电视台播放的同样标题的新闻纪录片也展现了苏联丰富的能源供应是战胜纳粹的重要原因之一。纪录片的主题是：苏联能源工业不仅帮助苏联战胜了纳粹，

图 4.1　多媒体艺术装置：取得伟大胜利的能源
俄罗斯莫斯科高尔基中央文化休闲公园前的广场（2015 年 5 月）

图 4.2　多媒体艺术“取得伟大胜利的能源”装置系列图片

而且在经历了战争带来的苦难之后启动了经济发展，使苏联成为两个超级大国之一。

在国际关系中，俄罗斯政府将能源财富视为俄罗斯最有力的竞争优势之一。占主导地位的官方话语将俄罗斯与主要能源消费国之间的能源合作定义为“对话”的关系。具体而言，俄罗斯官员使用“能源对话”的概念来描述俄罗斯与欧盟和中国的合作关系。强调了相互之间的脆弱性，认为此合作关系的基础是对称的相互依赖性，并将这样的关系描述为“合作的关系”“务实的关系”“互惠互利的关系”“充满活力的关系”“伙伴关系”“稳定的关系”“建设性的关系”。

提供原材料的附庸国，资源诅咒的受害者

俄罗斯公众接受“超级强大”的理念，因为它与俄罗斯大众的认同相呼应。列瓦达中心（Levada Center）[①]最近的调查显示，64%的俄罗斯人认为俄罗斯是一个“大国”，76%的人认为其未来必须保持大国地位。此外，43%的人表达了对苏联的怀念，因为现在“失去了大国的归属感”。然而，只有17%的俄罗斯人认为拥有丰富的自然资源就有资格成为一个大国，18%的人认为俄罗斯获得国际尊重是基于其丰富的资源财富。因此可见，俄罗斯人希望俄罗斯成为一个大国，但他们并不认同“超级强大”与拥有自

① 列瓦达中心是一个俄罗斯独立的非政府民调和社会学研究组织。

然资源挂钩，不认为能源超级大国就是大国。

当今俄罗斯的国家建设和民族主义项目（NEORUS）[①] 的调查是其整个项目的一部分，该调查为列瓦达中心的发现增添了另一层含义。调查显示，64% 的受访者认为俄罗斯是能源超级大国。然而，与此同时，调查还显示，俄罗斯公众不仅赞同能源超级大国的说法，而且明显受到另一个不同话语的影响，即定义俄罗斯为“原材料的附庸国”的话语。具体而言，调查发现 63% 的受访者认为“俄罗斯不应是提供原材料的附庸国”。

“附庸国”的比喻及其随之而生的话语，在俄罗斯政治中有着悠久的历史，可以追溯到苏联早期。1925 年，约瑟夫·斯大林（Joseph Stalin）倡导建立苏联经济体系，目的是“防止我国成为世界资本主义体系的附庸”，即“不要成为世界资本主义的附属企业，而是一个独立的经济体系”。后来苏联政府使用“附属国”比喻来描述第三世界摆脱殖民的国家在世界资本主义体系中的从属地位。20 世纪 90 年代初，经济和政治自由化的反对者声称，迈克尔·戈尔巴乔夫（Michael Gorbachev）的改革将俄罗斯转变为“西方的原材料附属国”。从那时起，原材料附属国的论述变得更加复杂，并演变出三种相互关联的表达方式。首先，21 世纪初，这一观念的核心思想是，资源的开采和出口是初级的、不可持续的经济活动，只适用于欠发达的弱小国家。其次，

① 该调查由俄罗斯社会舆论和市场调查中心（ROMIR）进行，作为奥斯陆大学文学、区域研究和欧洲语言系的 NEORUS（当今俄罗斯的国家建设和民族主义）项目的一部分。

原材料附庸国论有所更新，认为依赖资源出口制约了俄罗斯的经济发展，并不可避免地使其在世界各国中处于较低地位。最后，只有腐败、卖国的政府才会将俄罗斯置于如此屈辱和悲惨的境地。原材料附属国理论的核心是：西方是对俄罗斯不利的对立方。但在过去十年中，不利的对立方范围有所扩大，包括了中国。

总而言之，关于原材料附庸国的话语，没有把俄罗斯巨大的能源资源当作非凡的国家实力的基础，而被解释为国家极度脆弱的根源。从这个意义上讲，这一话语之所以广泛流传，是因为它与大家普遍想象中的能源超级大国，出现了一个相反的解读：能源超级大国就意味着不应该是原材料附庸国。

原材料附庸国观点，引起专家们的讨论，特别在关于能源资源在俄罗斯发展中作用的研究领域更是如此。只有少数俄罗斯专家热衷于将能源资源看作俄罗斯经济增长和在国际舞台上崛起的基础。康斯坦丁·西蒙诺夫（Konstantin Simonov）在一本名为《能源超级大国》的书中指出，“建立一个开采和销售能源资源的主权国家体系，让俄罗斯独立决定其能源出口流向，这不是一个帝国雄心问题，而是一个国家的生存问题”。虽然西蒙诺夫积极支持能源超级大国的概念，但他对普京利用俄罗斯能源财富的方式并不认同。

也有专家公开称，普京力图将俄罗斯变为能源超级大国的努力是战略失败。批评观点将原材料附庸国的观点与更宽泛的能源诅咒论统一起来。能源诅咒论认为资源财富可能对经济增长产生负面影响，并导致所谓的荷兰病。例如，费奥多尔·卢基亚诺夫（Fyodor Lukyanov）声称，21 世纪最初十年中期，能源超级大国的话语被俄罗斯政治精英视为一种“智能降档”战略。起初的目标不是停留在能源超级大国桂冠上，而是将能源资源作为推动俄罗斯经济发展、加强俄罗斯国际政治关系的工具。然而，在卢基亚诺夫看来，进入 21 世纪，这一战略已经被证明是不成功的，甚至是有害的，因为它减缓了后苏联经济和政治制度的改革。弗拉基米尔·莫（Vladimir Mau）、阿列克 西·库德林（Aleksey Kudrin）、赫尔曼格列夫（Herman Gref）和其他俄罗斯自由主义经济学家将俄罗斯对能源出口的依赖与严重的毒瘾相提并论，并经常使用比喻“坐在石油毒针上”来描述俄罗斯的经济发展处境。

然而，资源诅咒论与原材料附庸国论之间的重合仅限于对经济影响的看法。政治上资源诅咒论的概念指资源财富削弱了法规的质量，并侵蚀了民主。西方政治学家经常将其应用于俄罗斯，但大多数俄罗斯学者对此不屑一顾。他们声称这一概念在意识形态上有偏见，或者认为这仅仅是一个“部分合理的观点”。总体而言，俄罗斯学者和智库专家不仅很少明确地将俄罗斯的威权主义与资源收益挂钩，而且也通常避免公开讨论国有油气公司的腐败和政治贿赂问题。记者的调查和持反对意见的非政府组织的报告，填补了这一空白。然而，原材料附庸国论是覆盖面最全、最生动和最无悔意的表述，往往出现在非传统的政治论坛中。

对普京能源超级大国论的批评

俄罗斯当代艺术和文学领域广泛存在批评石油是俄罗斯发展驱动力的观点。同样，俄罗斯的大众文化，不仅仅是普京思想合理化的载体，也是反对主流话语的渠道。政府将能源资源解释为俄罗斯的主要竞争优势，但这样的解释受到批评。批评者认为这种解释主要是围绕价值观的对抗，围绕谁控制国家重要资产等问题。当前的政权限制了这些话语在公共政治领域的传播，但艺术家、音乐家和作家可以不保持沉默，并积极展开讨论。

安德烈·莫洛金（Andri Molodkin）将原油“灌入”了“民主”（图 4.3）。他的作品由九个独立的三维字母组成，组成“民主”一词，通过一个相互连通的管道系统填充原油。根据莫洛金的说法，他想表明民主不再是“一个想法”，而是“一个摆设”，因此它只能被用作“空罐”来装载石油。瓦希亚·洛日金（Vasya Lozhkin）是俄罗斯“朋克垃圾”艺术的著名代表，他将石油画成了生命之水和伏特加。在他极具风格的代表作里，一位沮丧的石油母亲正在喂食一名身着灰色套装的男子，这是俄罗斯官员的制服（图 4.4）。洛日金的另一幅画《黑色伏特加》，描绘了一群一模一样的灰色西装男子，他们正在享用来自管道的石油（图 4.5）。

图 4.3　混合雕塑作品《民主》，卡岑艺术中心美国大学博物馆

图 4.4　丙烯酸纸画《异教神》，燃气父亲（左），石油母亲（右）

图 4.5　丙烯酸纸画《黑色伏特加》

新兴艺术家亚历山德拉·哲列兹诺娃（Alexandra Zheleznova）以类似的思路但不同的视觉形象描绘了政治家和石油之间致命的爱情。画中石油不再是母亲，而是一个虐恋狂“石油夫人”。这位妖女，穿了一件暴露的外衣，妆容妖艳。她阴险、贪婪、诱人。她腐化和瓦解高级能源官员，迫使官员顺从她邪恶的意愿。这些作品所传递的信息很直接：俄罗斯与石油的关系并不健康，因为这种关系采取了极具破坏性的暴力的形式，从而导致腐败、渎职和滥用权力现象持续发生。

一首流行歌曲《我爱石油》表达了俄罗斯现代版石油驱动经

济论的另一个方面，讽刺石油收益带来的繁荣。一位石油商的配偶唱道："如果俄罗斯有石油，我就在米兰。"这段音乐视频展示了所谓"吃饱了的21世纪"最基本的特征：奢华的派对、欧洲购买奢侈品、豪车、莫斯科商业区的摩天大楼。该视频还展示了身着民族服饰的妇女在石油钻井前翩翩起舞。最后，主要人物对石油和天然气的热爱转变为对俄罗斯的热爱。歌词和图像结合在一起，石油成了俄罗斯民族特征的一部分，并将石油与现在和将来的俄罗斯永远联系起来。

大众文化里，一个更令人惊讶、直截了当地批评俄罗斯依赖石油的例子是塞米恩·斯莱帕科夫（Semyon Slepakov）的《石油之歌》。这首歌2015年发布在社交媒体上，当时的俄罗斯社会正处于新一轮经济危机的高潮。喜剧演员斯莱帕科夫代表"一个拖拉机工厂的普通工人"发声。他抱怨说，最近开始注意到自己"没有足够的钱维持他苦难的生活"。在极具讽刺性的独白中，"普通工人"对指责美国，解释了目前经济下滑的原因，并承诺"很快，养育我们的石油价格将再次上涨"的电视新闻报道进行了评论。他抱怨在等待油价上涨的过程中，他可能撑不下去了。他指责政府：

亲爱的掌舵者们，

掌控油轮的你们，

我不明白，不明白发生了什么？

你说过一切会过去!

你一直不停地抽油,
你忍耐极限、痛苦、忧愁。
你日夜为祖国操劳,
你赚够了能养活一堆人的钞票。

我该如何坚持?
我是普通工人,唯一的积蓄是肾结石。
我的骨架上只剩了薄皮,
我可能活不到油价上涨之际!

以类似的幽默方式,著名摇滚音乐家、诗人、普京政权的狂热批评者尤里·舍夫丘克(Yury Shevchuk),将石油与政治权力联系在一起,创作了一个温和但伤感的浪漫故事。以直接与俄罗斯对话的方式,舍夫丘克承诺“当石油耗尽时,我们的统帅将不复存在”,且“世界将更加自由”。歌词的最后一段:

我们将再次学会爱和理智,
不会有鼓噪和永恒的争议,
所有的美人鱼和仙女都会为我们祈福,
一旦我们喝光所有的石油,一旦我们抽完所有的天然气。

尽管舍夫丘克的歌曲被从电视上删除，自 2007 年发行以来也从未在广播中播放，但这首歌发行后立刻成为流行歌曲，并在 2012 年和 2013 年的政治抗议中再次流行。

俄罗斯小说同样出现了引人注目、生动的关于原材料附庸国论的主题作品。21 世纪最初十几年，“石油小说”在俄罗斯兴起，包括游记、侦探小说和反乌托邦小说。伊利亚 · 卡利宁（Ilya Kalinin）总结了这一文学潮流的主要发展方向，认为石油已经“成为当代俄罗斯文学（以及整体文化）的常规主题”，并“扮演着具有象征意义的核心角色”，且“使苏联遗留下来的潜意识找到了一种表达方式”。的确，俄罗斯作家就是用这种语言，批评后苏联时代的石油驱动资本主义论，批评俄罗斯出现的民粹主义思潮和新型消费文化。除此之外，他们有人也表达了道德、知识、文化和社会进步，是俄罗斯依赖石油发展所起的作用。维克多 · 佩列文（Victor Pelevin）的早期作品就是好的例证：

> 我们的整个文化只是输油管道的一个铸模，只因为管道中的油被加热而存在。油被加热不是为了燃爆铸模，而是因为加热后油流速更快。

俄罗斯当代高雅文化和流行文化中出现了石油主题，生动地展现了俄罗斯的能源话语政治已经渗透到俄罗斯生活的各个角落。艺术家、音乐家、喜剧演员和作家越来越大胆地进行政治抗议。他们谴责石油是普京政府的强权基础，是社会经济发展严重不平衡的根源，是政治腐败的诱因。瓦西亚·洛日金（Vasya Lozhkin）的怪诞绘画和弗拉基米尔·佩列文（Vladimir Pelevin）的反乌托邦小说中批评了俄罗斯给石油驱动论赋予的现代含义。这些作品同尤里·舍夫丘克（Yury Shevchuk）的摇滚民谣和谢米恩·斯莱帕科夫（Semyon Slepakov）的喜剧一样具有攻击性和生动性。

这些五花八门的批评原材料附庸国论的作品，明确挑战了普京政府的意识形态，同时挑战了普京政府的合理性和可信性。这些多种形式的、以原材料附庸国论为主题的作品，紧盯政治腐败话题，并没有在意与石油相关的环境问题。石油工业扩张的直接的、可以量化的负面后果就是环境污染。这些作品也没有试图解释能源安全问题，也不讨论难以避免的气候变化问题。从这个意义上讲，俄罗斯的批评石油话语不是“反石油”，而是“反普京”。

俄罗斯的能源话语政治中的“我们”和“他们”

对俄罗斯能源话语政治的分析要弄清楚两个论述：能源超级大国论和原材料附庸国论。还要开启一个一直无人谈及的重要话题。尽管陶醉于其能源财富，俄罗斯没有将自己鉴定为一个石油国家。无论是政府的话语还是批评政府的话语，都避免将俄罗斯与其他能源丰富的国家相提并论。俄罗斯政府从来没有拿其他石油国的经验来评价俄罗斯经济的成功与失败，包括伊拉克、科威特、沙特阿拉伯、哈萨克斯坦、委内瑞拉、尼日利亚、挪威和其他石油大国。能源超级大国论将俄罗斯塑造成国际能源政治中独一无二的角色。它将俄罗斯视为一个不可或缺、不可取代的石油出口国，强调俄罗斯在国际能源安全中独一无二的地位，暗示能源进口国需要俄罗斯，而至少不是俄罗斯需要进口国。普京政府努力维护、强化和证明俄罗斯在国际能源关系中的特殊地位，回应了将俄罗斯描绘成依赖能源出口收入从而变得软弱和脆弱的“原材料附庸国”言论。虽然这两种话语是相互对立的，但它们将西方（主要是欧盟）和东方（主要是中国）视为俄罗斯最主要的“他们”。

虽然从历史和文化上来看，俄罗斯属于广义的欧洲，但从未将自己定义为一个西方国家，也从未被其他国家承认为西方国家。俄罗斯的某些特点无法准确表述。这种复杂而矛盾的身份鉴别将后苏联时代的俄罗斯与传统的西方国家区别开来。西方版的现代化被俄罗斯人诠释为“一种可仿效的发展模式，或称文明模式”和“俄罗斯从来不应成为的堕落的国家、非人性的花架子”。

原材料附属国论将俄罗斯鉴定为西方扩张主义的潜在或现实受害者。在这一讨论框架中，俄罗斯与西方的能源合作以及与西方的整体经济和政治友好关系被视为是一种威胁。相比而言，能源超级大国论将俄罗斯视为与西方关系中的平等参与方。就此来看，能源超级大国论要求俄罗斯政府竭力寻求西方国家承认俄罗斯在国际能源关系中的独特地位。更具体地说，俄罗斯在欧洲能源安全中的作用成为俄罗斯追求能源超级大国地位的砝码。

与此同时，“西方与剩余国家”的概念有助于普京政府宣传俄罗斯文化对“西方”民主概念及其相关表述的厌恶。俄罗斯的“主权民主”是建立在独特的俄罗斯文化价值观基础之上的，因此对国际批评自带免疫。叶卡捷琳娜·舒尔曼将其描述为“反向货物崇拜”[①]：尽管从法理上俄罗斯正在建设西方式的自由民主，但俄罗斯精英们拒绝采纳西方的规范，而是采纳国际组织的建议，因为据称西方偏离了其宣称的原则，或者说没有充分遵循西方自己的主张。其中一个例子就是俄罗斯与欧盟的能源关系。

俄罗斯将自己定位为能源超级大国，声称拥有“独立的观点”。俄罗斯拒绝接受非对称的能源关系，即拒绝接受认可欧盟的“规范性权力”，拒绝认可其总体政治优越性。这些表述在俄罗斯重要能源战略政策的演变中体现得尤为明显。第一个能源战略（2003 年）提到了“欧洲规范”，并承诺采用“欧洲规则”。然而，新的版本（2009 年，2015 年）采用了“国际规范”和“国际规则”的说法。

俄罗斯重申在政治上的自主权，不受欧盟和其他西方国家的规范制约。以此方式，俄罗斯的政治家提升了俄罗斯在国际能源

① 最初，“货物崇拜”一词主要（但不仅仅）指美拉尼西亚的各种宗教习俗，其特点是相信物质财富可以通过宗教崇拜获得。后来，该术语被用来比喻通过复制与成功结果相关的必要条件来实现成功结果的尝试，尽管这些条件或与获得结果没有因果关系，或条件不足以自我复制（例如“货物崇拜学”或“货物崇拜编程”）。根据舒尔曼的说法，俄罗斯的案例是，“在反复西化过程中，俄罗斯所有形式的社会组织和公共管理部门运行模式几乎全部是照搬的，或多或少地植入了暴力元素”。但“这些运作形式纯粹是表面现象，纯属橱窗展示，因为人们相信，俄罗斯的这种状况与西方的状况是一样的，只是他们比我们更擅长伪装”。

安全中的地位，并将俄罗斯建设成为国际能源政治中主权独立的强大的参与者。除此之外，俄罗斯在能源政治领域拒绝“欧洲规范”也是“货物崇拜”的一种表现。例如，21 世纪最初十年中期，俄罗斯代表开始指责欧洲在与俄罗斯的交往中建立双重标准：

> 当然，我们可以让我们的合作伙伴介入资源开采和交通基础设施建设等领域。然而，我们试问：他们会让我们有权介入什么领域吗？……我们不介意根据《欧洲能源宪章》的总则开展合作。但我们需要了解我们将得到什么作为回报。

按照这一思路，俄罗斯政客将欧盟《第三次能源一揽子计划》的主要规定称为“不明智的”“轻率的”“短视的”“无效的”和“不公平的”。普京在 2007 年慕尼黑演讲时，明确批评了这个计划，声称《欧洲能源宪章》对俄罗斯来说“不太可接受”，因为不仅俄罗斯，连欧盟成员国自己都不想遵循。

总而言之，21 世纪最初十年后期，俄罗斯在与西方的关系中总体采取了防御立场。很显然，俄罗斯官员希望欧盟成员国尊重俄罗斯在国际能源政治中的利益，并认可俄罗斯的能源超级大国地位。相反，俄罗斯的欧洲伙伴却“遵循旧的习惯，将俄罗斯视为苏联”。而且欧洲伙伴有点复杂心理，不允许他们屈从于依赖外国能源。按照俄罗斯防御性战略观点的逻辑，俄罗斯可以成为欧盟成员国的可靠伙伴，但前提是将其视为能源超级大国。

类似的思想也明显体现在俄罗斯与东方的关系发展上。在俄罗斯能源政治的背景下，东方被理解为亚洲。俄罗斯官员将亚洲描述为“有希望的”“动力十足的”和“充满活力的”，把亚洲视为整体。例如，在讨论国际发展的新趋势时，俄罗斯外交部长拉夫罗夫（2006）指出，全球化具有“亚洲面孔”，但没有具体说明这张面孔是谁的。通常，俄罗斯官员将日本、韩国、中国和印度定义为亚洲的代表。根据拉夫罗夫的说法，这些国家“对繁荣的俄罗斯感兴趣”，因为没有俄罗斯的能源资源，这些国家将无法实现“经济增长目标”。同样，其他俄罗斯官员持相同看法，声称亚洲国家承认俄罗斯是“天然伙伴”和“可靠的能源安全担保人”。

另一方面，与西方大国的冲突，有损俄罗斯的身份特征，并强化了其非西方特征的自我表征。然而，尽管亚洲在俄罗斯的能源政治中越来越重要，俄罗斯与东方之间的历史、文化和政治鸿沟远比与西方国家之间的鸿沟更为明显。俄罗斯将其他非西方国家视为前现代甚至反现代发展的国家，因此相对俄罗斯而言这些国家没有优势。俄罗斯与其他非西方国家，特别是亚洲其他国家之间的真实差异和感知差异，都驱使俄罗斯认为自己是西方的一部分。

与此同时，从体量上来说，后苏联时代的俄罗斯目前是一个“正常的发展中国家”。就收入不平等、宏观经济不稳定、腐败、犯罪和发展中国家具有的其他典型问题而言，俄罗斯远不是最糟糕的（比尼日利亚好），但仍不是最好的（比中国差）。20 世纪末东亚和东南亚的崛起及其经济影响力，打破了传统观念。传统感知认为东方的地位较低，与俄罗斯交往时处于从属地位。但具体来说，面对中国的崛起，普京政府想把俄罗斯建设成一个能源超级大国越来越难。因此，俄罗斯与中国友好关系的恢复引出了原材料附庸国论。

总而言之，能源超级大国论将俄罗斯视为在与西方合作中处于平等地位，而非优势地位。然而，与此同时，原材料附庸国论将俄罗斯视为西方和中国发展过程中潜在或实际的受害者。在这一理论框架中，俄罗斯的能源合作及与西方和中国的总体经济和政治友好关系被视为一种威胁。能源超级大国论驱使俄罗斯政府追求西方和中国认可俄罗斯在国际能源关系中的独特地位。更具体地说，俄罗斯在欧亚大陆能源安全领域的重要作用，成为俄罗斯寻求能源超级大国地位的基础。俄罗斯特殊地位论坚持认为俄罗斯处于东西方无休止对话的中间。结果是，普京政府在国际能源政治中为俄罗斯塑造了一个独特、突显但孤立的形象。俄罗斯既不与西方站在一起，也不与东方站在一起。普京政府注定要全力保护其能源行业，用普京自己的话来说，“能源是俄罗斯经济的圣地”。

俄罗斯的能源范式：两极无序

21 世纪初的几年，对能源资源的控制成为俄罗斯国内政治权力的终极目标和手段，也是普京计划恢复俄罗斯在 20 世纪 90 年代失去的国际地位的方案重点。随着石油价格上涨，俄罗斯政治精英们对俄罗斯在未来国际舞台上的地位愿景各式各样，甚至相互矛盾，而所有这些追求的目标，都通过能源超级大国论表达。依据能源超级大国论，拥有丰富的能源资源和对能源的掌控自然会使俄罗斯成为国际舞台上的重要角色。因此，俄罗斯官员将能源资源作为国家经济增长、自豪感、权力和独立的主要根基，也是与欧洲和亚洲伙伴建立互利关系的长久基础。

普京政府将能源超级大国论引入对俄罗斯“超级强大”理念的叙事之中，对俄罗斯的长久辨识性身份特征做出选择。能源超级大国论延续时间已经超过了 21 世纪初期几年的油价暴涨期，并在之后的几年里在普京思想中占据了主要位置。能源超级大国论是普京意识形态的有机组成部分，并由俄罗斯政府反复传播推广。这一话语甚至在德米特里·梅德韦杰夫（Dmity Medvedev）担任总统期间也反复出现。梅德韦杰夫推动政治和经济现代化，公开鼓励俄罗斯摆脱“耻辱性地依赖出口原材料”的状态。

批评“原材料附庸国论”话语的出现及其强大影响力促生了“能源超级大国论”话语，并使其传播。批评话语认为，俄罗斯的能源财富导致俄罗斯多领域不堪一击。从这个意义上讲，“原材料附庸国论”挑战了普京的思想，挑战了普京政府治理的合理性和可信度。这样看来，“能源超级大国论”和“原材料附庸国论”的话语是相互促成的，这意味着这两种话语相互排斥，又相互强化。“原材料附属国论”也通过普京政府在国家和国际层面宣传能源超级大国论来维持。换句话说，普京政府必须将俄罗斯称为能源超级大国，并据此身份开展俄罗斯与其他国家的合作关系。因为拒绝对能源超级大国的认可，将意味着接受与其对立的理论，即原材料附庸国论。因此，俄罗斯的能源外交成为能源超级大国论与原材料附庸国论之间的对抗战场。

中俄能源关系

石油贷款和新管线建设

自 1999 年普京上台以来，他的主要目标之一就是恢复国家对能源行业的全面控制。这一行动的典型案例是对不听话的尤科斯（Yukos）的国有化。2003 年尤科斯最有价值的资产，尤甘斯克石油天然气公司（Yuganskneftegaz），在一次有争议的闭门拍卖中被出售，最终以 93 亿美元的价格被俄罗斯石油公司（Rosneft）收购。俄罗斯石油公司无法在国内筹集全部资金，西方银行由于尤科斯事件有争议而拒绝向其提供贷款。而中国石油同意向俄罗斯石油公司贷款 60 亿美元，作为五年期交付石油的预付款。贷款通过中国进出口银行发放。然而，尽管俄罗斯对中国的石油出口有所增加，但俄罗斯政府再次暂停了修建一条从东西伯利亚直达中国北方的输油管道。

2006 年，俄罗斯与欧洲能源消费国关系急剧恶化，于是普京宣布，在最近十年内，俄罗斯对亚洲的石油出口将增加至10倍，从3%增加到30%。俄罗斯专门负责石油输送的国有石油运输公司Transneft（俄罗斯国家石油管道运输公司）开始筹建一条新的管线，将石油从东西伯利亚输送到纳霍德卡的太平洋海岸。然而，新项目没有包括直接通往中国的支线。2006年至2008年期间，60%以上的俄罗斯石油是通过东西伯利亚铁路输送至中国，而其余石油则途径哈萨克斯坦，通过阿塔苏—阿拉山口管线输送至中国，或从萨哈林通过油轮运至中国。2008年全球经济危机重创俄罗斯经济之时，中俄管道谈判才出现突破。

随着石油价格从2008年7月的147美元/桶高点暴跌至2008年12月的32美元/桶，俄罗斯国家石油公司急于与中国签订新的油气协议。2009年2月，中国和俄罗斯官员宣布，中国国家开发银行将向俄罗斯石油公司和俄罗斯石油运输公司分别贷款150亿美元和100亿美元，利率为5.69%。中国在2009年的经济危机之前和危机期间，已经通过贷款换石油和贷款换天然气协议确保了油气的长期供应。中国向许多产油国提供了慷慨的贷款，但贷款额度规模远不及给俄罗斯的贷款[①]。中国和俄罗斯双方政府都积极促成上述交易。俄罗斯政府和俄罗斯石油公司在2008年主动接触中国政府，启动了谈判。这样，俄罗斯国有石油公司填

① 2009年，中国与玻利维亚、巴西、厄瓜多尔、委内瑞拉和土库曼斯坦签署了类似的贷款协议，但这些贷款协议都没有超过100亿美元。到2010年底，中国向能源富有国家提供的贷款总额估计约为770亿美元。

补了预算的亏空，而中国石油预计在未来 20 年内以市场价格每年获得 1500 万吨油当量的石油。这笔贷款还附带条件：建设俄罗斯启动的东西伯利亚—太平洋管线（ESPO）通往中国的支线。2011 年，1030 公里长的管道建成，通过斯科沃罗迪诺将 ESPO 连接至大庆炼油厂。俄罗斯石油运输公司利用中国国家开发银行的贷款在俄罗斯境内修建了 65 公里管道，而中国石油在中国境内完成了 965 公里的管道建设。

2010 年，俄罗斯成为中国前五大石油供应国之一，自那时以来，俄罗斯对中国的出口稳步增长。虽然油气价格争议很快出现[①]，俄罗斯石油公司和中国石油于 2013 年签署了新的多项能源购销协议。值得注意的是，俄罗斯石油公司与中国石油签署了一项为期 25 年价值 2700 亿美元的石油协议，与中国石化达成价值 850 亿美元的另一项十年期石油协议。因此，俄罗斯石油公司对中国的石油出口跃升至每年 2500 万吨油当量。此外，中国石油和俄罗斯石油公司签署了一份谅解备忘录，成立合资企业，开发东西伯利亚罗斯科叶油田（Russkoye）和尤罗伯钦—托霍姆斯科耶油田（Yurubcheno-Tokhomskoyo），以满足当地、中国和其他亚洲市场。

2014 年底，俄罗斯石油运输公司在东西伯利亚—太平洋管线系统中又增加了三个泵站，提高了 2011 年建成的泵站的输油能

① 2012 年，管道费用相关合同条款出现意见分歧，中国石油减少了对俄罗斯石油的付款。争端已妥善解决。

力。一年后，一条与原来管道平行的管道建成。中国从俄罗斯获得了超过 5000 万吨油当量石油，占中国进口总量的 14% 和俄罗斯出口总量的 18%。因此，俄罗斯 2016 年能够与沙特阿拉伯争夺中国第二大石油供应国的位置，而中国超过德国成为俄罗斯石油的最大买家。依据现有的中俄合同，俄罗斯出口到中国的石油将进一步增加。

俄罗斯对华政策中的能源话语政治

俄罗斯将其与中国的关系定义为“能源对话”，声称这一对话得到市场激励因素的推动和维系，而不是俄罗斯渴望建立一个反对西方的新政治联盟。俄罗斯政府将中俄关系描述为“务实”和“明确设定”的经济发展路线。市场理性主义思维强调，俄罗斯具有非凡和持久的能力来满足中国不断增长的能源需求。同时，俄罗斯对中国市场有强烈的兴趣，并希望加强与中国的关系。以市场理性主义为依据，俄罗斯官员将俄罗斯丰富的资源财富作为一种重要的竞争优势，而不是诅咒或脆弱性的来源。俄罗斯对中国的能源出口，已不再是不健康地过度依赖资源收益的结果，也不是在与西方关系恶化的情况下实现能源出口多样化的必要选择，而是全球能源市场发展所要求的理性经济发展选择。

中俄能源关系官方话语的另一方面就是地域论。它将地理上的邻近作为中俄能源互利合作的基础。然而，这一理论框架有几个严重的不足。俄罗斯并不认为自己是一个亚洲国家。据安德烈·杰尼索夫（Andrey Denisov）俄罗斯驻中国大使说，中国和俄罗斯“是邻居，但二者不同”。也就是说，俄罗斯在亚洲，但俄罗斯不是亚洲国家。最后，不可以通过引证与中国的共同历史和中国的文化亲和力论证地域论思想的合理性。此外，官方对俄罗斯与欧盟的关系话语更多涉及过去（如第二次世界大战、冷战时期），而中俄能源关系的话语构建是以未来（如预期未来经济增长）为出发点的。

维克多·赫里斯滕科（Victor Khristenko）在综述俄罗斯与欧盟的关系时指出，“俄罗斯从未切断给欧洲的油气供应，无论是在冷战期间还是1998年的金融危机期间都没有，因为俄罗斯历史上视自己为欧洲的一部分”。相比之下，当赫里斯腾科讨论俄罗斯与亚洲的能源合作关系时，他注重讨论地缘经济，而不是地缘政治或地缘文化：

> 我们将加强与东方的发展视为战略方向。因为从地图上看，这里有在经济上世界领先的日本和韩国，有巨大市场和工业化潜能的中国和印度，有充满活力和雄心勃勃的东南亚各国。俄罗斯境内适合开展合作的地区为东西伯利亚和远东。

因此，地域论并没有在中俄能源合作关系中创造另一种解读，而是突出了俄罗斯纯粹基于两国经济利益做出了理性选择的解读。

卡内基莫斯科中心（Carnegie Moscow Center）的中国问题专家和高级研究助理亚历山大·加布耶夫（Alexander Gabuev）认为，尽管中俄能源合作最近取得了进展，但中国仍然不是“俄罗斯的优先合作伙伴”。根据加布耶夫的观点，俄罗斯精英将自己视为“欧洲人”，并将自己的未来定位“在欧洲”：

> 每个俄罗斯企业高管和政府高级官员都希望恢复与西方的合作。没有人希望与亚洲建立任何认真的伙伴关系。俄罗斯人在文化上有点局限，有点民族主义倾向，通常对亚洲了解不多，也不务实。因此与中国的伙伴关系仍然是一种文化选择。

的确，在讨论向东方出口能源，使出口多元化时，俄罗斯代表强调中国不会在与俄罗斯的能源外交中取代欧洲。普京满怀信心地宣称，尽管俄罗斯希望“进入发展中的亚洲市场”，但其欧洲伙伴“不必担心”，俄罗斯不会减少其能源供应。同样，亚历山大·诺瓦克（Alexandr Novak）在所有公开声明中，特别是针对西方听众的声明中，坚决反对俄罗斯与亚太地区国家加强合作的思路。此外，诺瓦克在多个场合强调，俄罗斯不会将新合作伙伴的利益置于当前合作伙伴的利益之上。因此，俄罗斯与中国和其他亚洲国家发展友好关系，并不是俄罗斯能源政治的重新定位，而是其全球化战略。正如能源部第一副部长阿列克谢·特克斯勒所说，21 世纪初，俄罗斯就像一只“双头鹰，朝着两个方向看”。

然而，普京政府2014年正式承认其“转向东方”。中国在俄罗斯能源外交上是替代西方的主要（甚至唯一）代表。在话语层面上，普京政府利用与中国的能源关系来维持俄罗斯作为欧亚大陆能源安全唯一提供者的地位，并突出能源超级大国论。在此背景下，要构建中俄能源合作关系，战略伙伴关系框架至关重要。

第三种中俄能源关系思想是基于国家利益考虑。安德烈·杰尼索夫（Andrey Denisov），俄罗斯驻中国大使将中俄能源合作描述为“两国领导人政治意愿的产物”。同样，拉夫罗夫认为，中俄关系稳步发展的“主要秘密”是“一套系统性解决方案”，包括最高级别的年度会晤和“为实际项目设定必要的政治基调”。此外，中俄能源合作提升到全球高度，其发展不仅是双边关系的一部分，也是国际能源政治发展的一个重要因素。例如，普京在一篇文章中写道：

> 我要指出，俄罗斯和中国在能源领域的对话具有战略意义。我们的合作项目切实改变了全球能源市场的整个格局。对于中国来说，这意味着提高了能源供应来源的可靠性和多样性；对于俄罗斯来说，这意味着向快速发展的亚太地区开拓了新的出口销路。

尽管普京承认“中国朋友是硬核谈判对手”，但在中俄能源关系官方话语中，更具挑衅性的能源超级大国话语的表达并不存在。然而，有证据表明，表达俄罗斯自信的能源超级大国理念，在中俄非官方能源合作层面的确存在。俄罗斯石油公司驻中国代表处前主任谢尔盖·冈查罗夫将负责与中国谈判的俄罗斯高级官员描述为具有“毒贩心态”的“暴徒”。他说，内部沟通时，他们将21世纪初期中俄石油出口谈判的目标定为“给中国打针毒剂”，把俄罗斯石油比作海洛因。俄罗斯石油公司在中国的一名现任员工也证实，他的主管认为，东西伯利亚—太平洋管道将“中国与俄罗斯紧密联系起来”，此后中国将接受俄罗斯提出的与石油挂钩的天然气定价机制。但事实上，俄罗斯代表从未在公开场合发表过这样的言论，这表明能源超级大国论具有辩护性和贸易保护性。在能源外交领域，俄罗斯代表只有在他们认为其国外合作方威胁俄罗斯且不给予应有的尊重，并质疑其在国际能源关系中的独特地位时，才会表现出咄咄逼人的一面。

原材料附庸国话语与中俄关系

一般来说，俄罗斯人喜欢中国。据2016年的调查，36%的俄罗斯人认为中国是俄罗斯的朋友。而十年前，只有12%的俄罗斯人这么认为。俄罗斯民众对中国的看法正在稳步改善。但是也有许多俄罗斯人仍然认为存在“中国扩张”的危险，原因是中国人口过多，因此将导致俄罗斯东部领土的丧失。根据莱瓦达中心调查，2005年和2016年分别有46%和24%的人认为俄罗斯政府需要限制中国人在俄罗斯境内居住。

正如本章已经提到的那样，原材料附庸国话语最初主要用于被俄罗斯看作负面的“他们”的西方，而最近才扩大到包括中国在内的第二个会产生负面效果的“他们”。然而，这种态度在能源政治领域并没有转变为看似合理的“中国威胁论”。

亚历山大·布加耶夫（Alexander Gabuev）注意到，由于两国贸易成交额不平衡，俄罗斯经常被描绘成中国的原材料附庸国，并将这一观点视为“广泛传播的自由主义论”。根据加布耶夫的说法，“我们的原材料交换你的汽车和消费品”是俄罗斯经济结构的产物，而不是中国试图征服俄罗斯的结果。这一观点得到了大多数俄罗斯中国问题专家的认同。斯科尔库沃科学技术研究所能源系统中心（the Energy Systems Center of the Skolkovo Institute of Science and Technology）的项目专家库塞尼亚·库什金娜（Ksenia Kushkina）指出，中国经常被视为“东方之谜”“黑匣子”，“知道有东西进入，但并不清楚会出来什么的东西”。据她看来，中国人“相当务实，并诚实”，因为“他们总是诚实地定义自己的长期目标，尽管措辞模糊”。像加布耶夫一样，她把批评中俄能源合作和将中国视为威胁的看法定义为“激进自由主义者”的观点，并将持这样观点的人视为是对中国的忽视和对中国意图的曲解。俄罗斯的中国问题专家们认为，中国是俄罗斯最终选择的能源资源买家。正如莫斯科国立大学赖萨·埃皮奇纳（Raisa Epikhina）所说，“没有任何国家可与中国相提并论”，因为“中国是一个巨大的市场，从这个角度来看，中国对每个人都有吸引力”。

中国问题专家所描述的“自由主义”观点确实经常被普京政权的评者所持有。这些批评者支持自由经济改革和全面政治改革。例如，著名记者、公知尤利娅·拉蒂娜（Yulia Latina），在某种程度上是俄罗斯自由主义的象征，她批评中俄能源交易对俄罗斯无利可图。然而，她的批评针对的是俄罗斯能源部门的腐败，而不是将中国视为威胁。其他批评中俄能源合作的思想，在弗拉基米尔·索罗金（Victor Sorokin）的小说创作和其他的反乌托邦小说创作中也有体现，认为中国利用了俄罗斯官员的贪婪和腐败，获取俄罗斯资源的控制权。

总而言之，原材料附庸国话语，不是将中国视为威胁，而是批判俄罗斯整体对能源收益不健康的过度依赖。从这个意义上讲，俄罗斯社会对中国发展的担忧并不是对中俄能源关系发展的挑战。然而，原材料附庸国论迫使普京政府在构建中俄能源关系时，采用了能源超级大国论的思维逻辑。因此，能源超级大国话语在中俄能源合作话语政治中得以体现，可归因于两个因素：第一，能源超级大国论是使普京政府政策合理化理论框架的一部分；第二，它支持了俄罗斯是国际能源政治中有影响力的角色这一理论。

中国将俄罗斯塑造成能源合作伙伴

21 世纪初，中国领导人和高级官员将中俄关系描述为“健康”和“充满活力的”，称赞俄罗斯是值得信赖的合作伙伴和好邻居。与俄合作，能源合作始终是中方的首要考虑。在中俄能源合作开始之际，时任中国驻俄罗斯大使刘古昌直言不讳地阐述了中国与俄罗斯能源对话的方式：“中国需要石油和天然气，俄罗斯需要市场，而中国市场是最方便和稳定的。”他还指出，成功的能源合作将把中俄关系提升到一个崭新的水平。

《2007 中国能源发展报告》指出，在 21 世纪最初十年中期，带有“高度政治化特性”的国际能源关系，使俄罗斯面临“巨大压力”。根据该报告，俄罗斯政府决定在 2006 年增加对亚洲的石油出口是制定“多元化”能源战略的一个合乎逻辑的步骤。值得注意的是，该报告的作者将俄罗斯和中国描绘成西方毫无根据的批评的目标，这使得两国关系更加紧密。

> 自 2006 年初以来，俄罗斯已转向能源出口多元化战略。这一战略引起国际舆论对俄罗斯的批评。有人认为俄罗斯“将能源资源用作外交政策工具，通过能源出口管控地缘政治，试图利用能源资源操纵西方”。此外，一些主要能源消费国的能源需求也受到了指责。例如，中国和印度的快速经济发展导致了能源需求的快速增长。这些国家被贴上了“世界能源黑洞”的标签，甚至被认为是油价上涨的罪魁祸首。如此一来，中国和印度对全球经济发展的贡献被抹杀，而它们的能源需求却被放大

> 在聚光灯下。依照这一推理，美国和西欧国家认为俄罗斯力图开发亚洲市场危及他们的能源安全，本应供给他们的能源受到中国、印度等发展中国家快速增长的能源需求的影响。

在这一话语框架中，俄罗斯被清晰地塑造为西方的对立面，是中国的潜在盟友，尽管俄罗斯似乎还没有被中国认为是“我们”的一部分（因为中国认为的“我们”是“发展中国家”）。国家所属的智库和研究机构的其他专家也对俄罗斯进行了类似的描述。中国社会科学院的李中海将俄罗斯定义为“独立的能源生产国”，并声称“中国政府、企业和人民一直对通过发展中俄关系满足中国不断增长的能源需求寄予厚望”。同样，中国社会科学院研究员张红侠认为，能源财富在21世纪初成为俄罗斯经济发展的“金钥匙”和俄罗斯崛起为强国的“工具”。还有一些中国学者指出，俄罗斯经济对能源部门的过度依赖从长期来看是不可持续的。然而，总体而言，2006年至2009年期间在中国出现的大量关于俄罗斯能源战略和能源外交的文献认为俄罗斯是一个有前途的能源供应国，并认为中俄合作前景广阔。

相反，在2006年至2009年期间，中国官员通过保持沉默，成功绕过中俄能源合作的争论。2005年在石油贷款协议达成的背景下，中国代表对管道项目寄予了很高的希望。当俄罗斯当局暂停修建从东西伯利亚到中国北方的直达管道的计划后，中国合作方也将发展与俄罗斯的能源合作从议程中删除。中国官员在这一时期发表的公开声明语言模糊，他们似乎在努力找到实际例子来说明中俄关系的“战略”性质。例如，刘古昌将2006年和2007年称为“中俄关系史上非常时期”，描述了中俄关系的战略内容：

> 中俄及时交换意见，在重大全球和地区问题上保持密切合作，这有助于加强两国在国际事务中的影响力和作用，并有助于为全球和平发展做出贡献。

中国官员在2009年之后才重新开始谈论加强与俄罗斯的能源合作关系。中国对中俄能源关系的理解与俄罗斯的理解接近，但强调的重点有所不同。

与俄罗斯一样，中国政府代表也将中俄能源关系定义为基于“互惠互利、优势互补原则”的“对话”。市场理性主义理论占据中俄能源合作话语主导地位。然而，尽管相互依存的概念在俄罗斯的话语中起着至关重要的作用，但中国代表强调了对地缘政治的否认，并将中俄关系与“和平崛起”和“和谐世界”的概念联系起来。他们以两国都希望利用其发展潜力、确保充满活力的经济增长为出发点，构建中俄能源合作关系，而不是意图建立反对西方的同盟。中国官员经常将中俄能源关系描述为“商业合作”。

地域主义思想也体现在中俄能源合作关系的发展中。中国官员和外交政策专家比喻中俄关系的一个常见说法为“远亲不如近邻”。与俄罗斯合作伙伴不同，中国代表将中俄能源合作视为重系两国的历史、经济、社会和文化纽带的机会，而非新鲜事物。习近平主席将中俄管线比作“万里茶道”[1]，他指出，新管道将成为 21 世纪连接中国和俄罗斯的“世纪动脉”，就像 17 世纪商人用于交换中国茶叶和俄罗斯毛皮的路线一样。讲到“双赢”合作，习近平强调，中俄合作“可以起到一加一大于二的效果”，因为可以利益互补。

中国将两国能源合作视为两国战略伙伴关系的一部分。然而，中国官员强调中俄外交关系的“全方位性”，扩大了能源合作的内涵。在俄方看来，能源合作首先意味着化石燃料的出口和输油基础设施的建设。而中国代表则强调中俄能源关系的意义超越了“传统的石油和天然气合作”。

中国力图将中俄能源合作描述为中俄整体战略伙伴关系的一部分，习近平接替胡锦涛任国家主席后，这一思路没有发生改变。然而，从 2014 年开始，习近平主席和中国其他高级官员强调，能源关系基于“务实合作”。到 2017 年，“务实”成为中国官方话语中最常出现的关于中俄关系的表述。因此，中国在最近的公开话语中并没有将能源合作作为核心战略中优先考虑的事项，而是将其作为合作议程上一长串项目中的一个项目。值得注意的是，关于进一步扩大能源基础设施的讨论被纳入了“一带一路”倡议的论述之中，并被界定为“互联互通”事项之一。这一

① 这是一条历史性商贸道路，18 世纪和 19 世纪通过西伯利亚连接俄罗斯和中国。它被称为“西伯利亚之路”。

转变意味着，中方希望将未来管道建设谈判纳入更广泛的区域一体化主题。在此框架内，管线建设不是双边关系问题，而是一揽子计划的一部分。

“中国梦”“超级能源大国”

尽管中俄之间的重归于好有着不可拒绝的理由，但他们的“能源对话”过程复杂。尽管中国对石油的需求和进口俄罗斯石油量在稳步增长，但俄罗斯在21世纪最初十年一直不愿与中国签订长期协议。在21世纪最初十年末，一些学者认为，俄罗斯和中国都倾向于由国家控制重要经济行业，两国在这点上观点趋同，这将为两国合作创造更坚实的基础。然而，直达中国的管道直到2011年才完工，俄罗斯和中国之间相对稳定的能源合作关系2013年才开始显现。

尽管俄罗斯与西方存在差异，但其与中国之间的历史、文化和政治鸿沟却更深。2005年至2017年的中俄能源合作模式表明，俄罗斯只有在面临西方挑战时才转向东方：2005年需要找到资金将尤科斯资产国有化，2008年全球金融危机后西方对俄罗斯石油需求下降，以及21世纪初乌克兰危机后西方和俄罗斯之间疏远。俄罗斯的能源话语政治似乎正在疏远与中国的合作。普京政府必须将俄罗斯确定为一个能源超级大国，并据此思路构建与中国的合作关系。因为拒绝接受能源超级大国的话语将意味着接受与其相反的立场，即原材料附庸国论。因此，俄罗斯对中国的能源外交被能源超级大国话语和原材料附属国话语之间的冲突所绑架。

尽管苏联是中国的“老大哥”，但如今的俄罗斯只是中国的贸易伙伴。21 世纪，中国有实力从俄罗斯购买其经济发展所需的能源，需要多少，购买多少。中国认为，俄罗斯需要资金与中国需要能源一样迫切。“中国梦”没有包括与普京领导的能源大国建立地缘政治联盟。俄罗斯正在丧失（或已经丧失）与中国的竞争优势，因为 21 世纪，供给石油可以换来同中国的友好关系，但换不来地缘政治联盟的建立。

5

中哈能源关系

苏联解体后，中国获得了加强其在中亚的地缘政治中的重要性、提高其在中亚影响力的机会。1991 年 12 月，中国承认哈萨克斯坦、吉尔吉斯斯坦、塔吉克斯坦、土库曼斯坦和乌兹别克斯坦，并在 1992 年 1 月开始与上述国家开展外交。中国在该地区的核心利益之一是确保能源供应，即最大限度地利用中亚的能源资源，扩展陆上能源供给线。2007 年，中国石油获得了在土库曼斯坦勘探和开采陆上天然气的第一张许可证，并建造了一条长达 3666 公里的新管道，将天然气输送至中国。到 21 世纪第二个十年末期，土库曼斯坦的天然气销售完全依赖中国。乌兹别克斯坦还通过 2007 年至 2009 年期间升级的管道网络向中国供应天然气。在吉尔吉斯斯坦，中国在卡拉巴尔塔（Kara-Balta）和托莫克（Tomok）两座城市附近建造了两座炼油厂。炼油厂由中国石油出资，由中国石油在哈萨克斯坦经营的油田供应原油，每年生产 120 万吨精炼石油产品。中国在中亚的主要能源合作伙伴是哈萨克斯坦。

中国在创纪录般的短时间内建成中哈管道，足以说明中国高度重视与哈萨克斯坦的能源合作。其中标志性项目就是中国与中亚之间第一条直接连接的石油管道：阿塔苏—阿拉山口段管线，该项目在短短 10 个月内完成。该管线于 2005 年 12 月开始输油，截至 2018 年，其输油能力为每年 1400 万吨油当量。哈萨克斯坦也承认，中国是在中亚投资最多的国家。根据欧亚开发银行（Eurasian Development Bank）的数据，从 2009 年至 2016 年，中国在哈萨克斯坦的投资从 95 亿美元增加到 215 亿美元，其中 89% 的投资投向了石油和天然气领域。2013 年，习近平主席在纳扎尔巴耶夫大学宣布中国计划建设“丝绸之路经济带”想法，明确传递了习近平认可哈萨克斯坦是中国在中亚的重要盟友的信号。这提升了哈萨克斯坦在中国国际战略中的地位。中国的能源战略包括中国对能源资源的持续追求，以及试图将中国与全球南方资源丰富国家的能源关系重塑为正和博弈关系。

本章第一部分首先讨论哈萨克斯坦以及其能源话语政治、能源范式，以及哈萨克斯坦如何将中国看作是“他们”。接下来分析重点又返回到中国，分析中国如何在国际能源政治中把哈萨克斯坦作为“他们”。此外，继续解释了中国和哈萨克斯坦各自的能源范式如何在双边能源关系中体现和落实，以及对双边关系产生了什么影响。最后一部分总结了调查结果。

哈萨克斯坦的石油话语政治

纳扎尔巴耶夫的话语主导权

哈萨克斯坦石油工业起步于1899年，当时第一口石油自喷井在卡拉苏古尔（Karashungul）。20世纪第二个十年中期，英国投资者从俄罗斯帝国那里获得了特许权，开始在里海东北部（现在的哈萨克斯坦阿特劳地区）生产石油。20世纪20年代初，西土耳其斯坦[①]成为苏联的一部分后，石油工业被国有化。苏联为西土耳其斯坦人民提供了家长式的社会福利体系、大众教育、强大的公共卫生体系，以及社会主义公正和安全。此外，苏联在该地区大量投资，进行工业化改造，特别是资源行业的工业化改造。作为交换，该地区被指定为商品供应地。70年里，该地区的经济一直为满足苏联在欧洲部分地区的商品需求而提供服务。

1991年苏联解体后，哈萨克斯坦成为一个独立国家，发现其拥有世界已探明石油总储量3.2%的石油资源。努尔苏丹·纳扎尔巴耶夫（Nursultan Nazarbayev），哈萨克斯坦第一位总统，将能源开采转变为哈萨克斯坦国家繁荣的基础。1997年，哈萨克斯坦骄傲地成为苏联解体后的国家中人均外国直接投资最高的国家之一；1999年，哈萨克斯坦第一次实现了预算盈余。在21世纪最

① 西土耳其斯坦，也称为俄罗斯土耳其斯坦，是俄罗斯帝国的殖民地。它包括哈萨克大草原南部的广阔领土。在苏联时期，该地区被称为中亚，北部为哈萨克斯坦，中部为乌兹别克斯坦，东部为吉尔吉斯斯坦，东南部为塔吉克斯坦，西南部为土库曼斯坦。

初十年，哈萨克斯坦经济的实际年平均增长率接近8%。自2006年以来，哈萨克斯坦主要依靠高油价从中低收入国家转变为中高收入国家。值得称赞的是，由于纳扎尔巴耶夫及其盟友的领导，哈萨克斯坦政府不仅在消除贫困方面，而且在促进新中产阶级增长方面进行了慷慨和持续的投资。因此，哈萨克斯坦成为苏联时期加盟共和国中社会和政治最稳定的国家之一。

纳扎尔巴耶夫政权还制定了雄心勃勃的计划，努力使经济多元化，除了自然资源开采外，计划发展其他经济。但21世纪最初十几年里，经济转型进展甚微。2017年，制造业占GDP的11%，而农业仅占5%。这两个行业效率低下，无法与外国生产商成功竞争。相比之下，能源直接销售或间接销售的收益占哈萨克斯坦GDP的25%。因此，独立后，哈萨克斯坦成为一个典型的食利国，其脆弱的经济极易受到全球石油需求下降和价格波动冲击的影响。

纳扎尔巴耶夫已经牢固地将权力集中在自己手中。1995年的全民公决将纳扎尔巴耶夫的任期延长至2000年。然而，1998年卢布危机之后，纳扎尔巴耶夫呼吁提前举行选举，并于1999年再次当选总统。2005年，他以91.2%的选票，获得了另一个七年任期。2007年，一项宪法修正案免除了纳扎尔巴耶夫个人的总统任期限制。2010年，哈萨克斯坦议会授予纳扎尔巴耶夫荣誉参议员称号，这独一无二地确保了纳扎尔巴耶夫终身决定国内和国际事务的权力。执政的亲总统党努尔·奥坦党第一副主席达尔汗·卡莱塔耶夫（Darkhan Kaletayev）准确地总结了纳扎尔巴耶夫领导层的主要愿景：

> 纳扎尔巴耶夫不仅是哈萨克斯坦总统，也是国家领袖，就像土耳其人的阿塔蒂尔克（Atatürk）、马来西亚人的马哈蒂尔（Mahathir）、新加坡人的李光耀（Lee Kuam Yew）和美国人的罗斯福（Roosevelt）一样。他代表一种品格，在正好需要这种品格的时刻，在国家发展和进步取得重大进步时刻出现。纳扎尔巴耶夫的支持者和反对者意见一致：没有纳扎尔巴耶夫，现代国家体系中就不会有今天的哈萨克斯坦共和国。

纳扎尔巴耶夫 2019 年 3 月做出退休的决定令许多观察家感到意外。在过去几十年里，越来越多的研究致力于理解纳扎尔巴耶夫政权的话语机制，这些话语机制的目的是使纳扎尔巴耶夫在哈萨克斯坦的政府行政合理化，并得以加强。马琳·拉鲁埃尔（Marlene Laruelle）认为，“纳扎尔巴耶夫主义”与公民民族主义（哈萨克族本性）和种族民族主义（哈萨克斯坦本性）[①] 密切结合，也与国际主义密切关联，即哈萨克斯坦是一个融入国际社会并从经济全球化中受益的现代独立国家。将纳扎尔巴耶夫宣传为“独

---

① 俄语和哈萨克语将“哈萨克族作为国籍 / 民族”与“哈萨克族作为公民 / 领土归属”区分开来。本书术语“哈萨克”仅用于表示国籍和民族。“哈萨克斯坦”意指国家和领土归属，因此包括许多其他种族和民族（如：俄罗斯族哈萨克斯坦人、乌兹别克族哈萨克斯坦人、朝鲜族哈萨克斯坦人）。哈萨克斯坦一词是 20 世纪 90 年代苏联解体后开始使用的。

立之父”，认为他是有能力解决苏联国家建设难题的独无仅有的人物。里科·艾萨克斯（Rico Isaacs）试图说明这样的宣传话语不是有意由“上层精英阶层”设计规划，而是被大多数民众分享并接受。同样，玛丽娅·奥梅利切娃（Mariya Y. Omelicheva）探索了纳扎尔巴耶夫政府产生的合法性话语，并评估了这些话语的有效性，然后根据《2011 年世界价值观调查》的数据得出结论：纳扎尔巴耶夫政府的政治话语与哈萨克斯坦社会中广泛接受的社会经济和政治发展的动因相一致。奥梅利切娃（Omelicheva）认为，总统民主的概念在哈萨克斯坦很流行，因为它与广泛认同的一个强大的、有远见的领导人促成国家成功的思想产生了共鸣。还有些学者认为，纳扎尔巴耶夫政府也操纵了有关国家发展的话语，并利用这些话语使纳扎尔巴耶夫的永久统治合法化。

总之，纳扎尔巴耶夫把自己塑造成了绝对权威统治者，宣传话语制造者，其宣传话语享有广泛群众基础。尽管纳扎尔巴耶夫政权的话语政治在某些领域存在争议，但其话语主导地位在过去 30 年中一直没有受到挑战。纳扎尔巴耶夫成功地控制了所有领域话语，包括哈萨克斯坦官员的公共交流、学术研讨和媒体。他的演讲和文章被汇编成卷，包括四本引文集。此外，纳扎尔巴耶夫还是一位多产的作家，在 1985 年至 2017 年期间，他创作了 22 本关于哈萨克斯坦政治和社会经济发展以及历史的书籍。

考虑到纳扎尔巴耶夫对话语的权威掌控，本书对哈萨克斯坦能源话语政治的资料分析主要集中在纳扎尔巴耶夫的文本上。哈萨克斯坦的官方话语（模型 1）由 77 个文本组成，包括关键政策和纲领性文件以及哈萨克斯坦官员的公开声明；77 种文献中有 33 种是纳扎尔巴耶夫署名。就哈萨克斯坦事实情况而言，非政府组织、学术界和公共知识分子编撰的文化代表作品和宣传的边缘政治话语往往是复述、巩固，甚至强化官方话语。值得注意的是，对哈萨克斯坦能源政治学术文献的调查显示，绝大多数学术著作至少包含一段纳扎尔巴耶夫论文的引文[①]。纳扎尔巴耶夫的话语主导地位通过创造大量代表性的参考资料而得到加强，这些参考资料将他视为哈萨克斯坦科学和教育发展的拥护者和倡导者。过去十年中，几乎所有与提高哈萨克斯坦科学和研究潜力有关的重大倡议——包括新学校、大学、研究中心、博物馆、图书馆、奖学金和特别奖学金——都以纳扎尔巴耶夫的名字命名。纳扎尔巴耶夫甚至统治着实际话语空间。在阿斯塔纳和阿拉木图，纳扎尔巴耶夫的语录随处可见：公共建筑外墙和入口、广告牌、高速公路立交桥、长凳和公共艺术品上。因此，权力高度集中和人格化的纳扎尔巴耶夫政府在哈萨克斯坦享有绝对的政治和话语霸权地位。除了个别的例外，哈萨克斯坦广泛的政治话语已经影响对哈萨克斯坦主要能源范式和中哈关系的分析。随着纳扎尔巴耶夫于 2019 年 3 月辞职，参议院议长卡西姆·乔马特·托卡耶夫（Kassym Jomart Tokayev）就任总统。在此期间，托卡耶夫向纳扎

① 2017 年 2 月 12 日，作者从哈萨克斯坦共和国国家图书馆（阿斯塔纳市）的社会科学数据库检索了 2006 年至 2016 年期间以俄语发表的 68 种学术作品。

尔巴耶夫赠送了一份慷慨的礼物，推动议会通过一项法律，将哈萨克斯坦首都重新命名为阿斯塔纳。这一象征性的举动表明，纳扎尔巴耶夫将留名千古，领导层的变化不会在近期内带来重大的意识形态变化。

哈萨克斯坦石油：上帝的恩赐与威胁

国家对石油资源的控制在哈萨克斯坦具有重要意义，是官方宣称国家独立和主权的重要叙事依据。讲到哈萨克斯坦的历史，纳扎尔巴耶夫强调说，哈萨克斯坦是苏联加盟共和国时，从来没有感到自己是“地下金藏”的“真正主人”。只有当哈萨克斯坦成为一个主权国家，才能够把石油资源作为“经济独立的基础”看待。纳扎尔巴耶夫将石油称为“哈萨克斯坦经济的血液”和“哈萨克斯坦土地上蕴藏的黑金”，以此讲述哈萨克斯坦主权的故事。“黑金”帮助政府在20世纪90年代初启动了经济增长历程。他认为巨大的资源财富是“其他国家嫉妒和索要的目标，哈萨克斯坦会因此失去独立”。接着，石油从哈萨克斯坦的“血液”和“黑金”变成了纳扎尔巴耶夫和他的团队已经“成功驯服”的“野兽”，而且“始终记住，我们一刻都不能放松，不能以我们暂时控制石油为事实欺骗自己”。因此，在官方能源话语中，关于石油有两种相互矛盾的说法：石油是一种祝福；石油是一种威胁。

与俄罗斯一样，哈萨克斯坦也在与资源诅咒受害者的身份抗争，并寻求重新定位自己。然而，当普京当权的俄罗斯将自己重塑为能源超级大国时，纳扎尔巴耶夫领导的哈萨克斯坦则始终如一地强调“经济优先”原则。此外，纳扎尔巴耶夫政府设定了一个复杂的逻辑，将哈萨克斯坦对能源收入的依赖合理化，并重新定义这种依赖为发展过程中的过渡阶段，淡化了资源诅咒话语的负面含义。

纳扎尔巴耶夫将哈萨克斯坦描述为能源资源的主权所有者，并将哈萨克斯坦刻画成渴望加入“国际能源俱乐部”的现代国家。他认为致力于石油工业，专心寻求外国投资，是哈萨克斯坦独立后唯一合理的发展选择：

> 每个国家都将进入国际经济一体化进程。每个国家所具有的东西都不尽相同：智力和劳动力、工业和技术、文化和资源潜力或这些的组合。基于一个国家的实力，世界市场可以为该国的融入设定条件。每个国家都必须支付某种“会员费”，向当前世界市场提供能够为一体化经济做出的一切贡献。

根据纳扎尔巴耶夫的说法，哈萨克斯坦在 20 世纪 90 年代末通过向大型国际公司提供其自然资源，已经支付了“会员费”。石油工业的外国投资在独立后的头十年“缓解了哈萨克斯坦在过渡时期的艰难”，帮助哈萨克斯坦成为全球经济的一员；然而，这种发展选择并不能长期决定哈萨克斯坦的未来，决定其在国际政治中的“命运”。因此，纳扎尔巴耶夫称哈萨克斯坦对石油收益的依赖是一种有意识的选择，也是其成功融入全球经济难以避免的副产品。正如一位哈萨克斯坦专家总结的那样：“总统向我们解释，如果我们想成为科威特，我们就需要出售我们的石油。”

纳扎尔巴耶夫还强调，通过吸引外国投资和邀请国际公司开发国内石油储量，哈萨克斯坦并没有放弃独立。恰恰相反，振兴经济可以加强其主权。此外，根据官方话语，哈萨克斯坦最终将放弃其产油国身份，并在技术创新领域获得国际社会的认可，特别是在开发绿色能源领域。纳扎尔巴耶夫在2005年至2016年期间对哈萨克斯坦公民发表讲话时，每次都重申政府决心发展可持续产业经济，并将利用石油收入创造“未来的新型经济”。

尽管俄罗斯的能源话语将依赖石油收益视为一种耻辱的“降格”，但纳扎尔巴耶夫政府将哈萨克斯坦视为一个自豪的产油国，将石油视为一种纯粹的经济商品，并不认为其基于石油的繁荣是自然而然的。一个典型的例子是纳扎尔巴耶夫将21世纪最初十年中期的石油快速增长视为一种特殊的“喘息”机会，“使政府有时间全面审视新兴的国民经济模式”。他还强调，甚至在20世纪90年代初，他也“清楚地认识到”哈萨克斯坦需要“一个协调、可持续发展的经济模式”，并决心使哈萨克斯坦经济不依赖石油，实现多元化。

许多哈萨克斯坦专家和学者复述了纳扎尔巴耶夫的官方话语，强化了其合理性。他们认为哈萨克斯坦出现了“荷兰病”的某些症状，并谈到了依赖价格易波动商品的市场风险。多数专家一致认为，政府是唯一能够保护哈萨克斯坦免遭资源诅咒伤害的主体，并将纳扎尔巴耶夫的发展计划描述为能够缓解资源诅咒的有效预防措施。原材料附庸国论出现在公众话语中，但在专家话语里并没有出现。总的来说，投资银行哈利克金融公司（Halyk Finance）研究主管穆拉特·特米尔哈诺夫（Murat Temirkhanov）生动地总结了学术界对哈萨克斯坦依赖石油收益的经济后果的总体态度：“资源诅咒是邪恶的，但它让普通哈萨克斯坦人和官员都感到高兴。”

与他们的俄罗斯同行一样，哈萨克斯坦专家很少讨论资源诅咒的政治因素，也避免引证有关资源财富可能产生反民主情绪的研究成果。值得注意的是，没有一位哈萨克斯坦专家引用迈克尔·罗斯（Michael Ross）的研究成果，也没有提到“没有代表权，就没有税收权”的公理。这一公理能启发关于资源诅咒论的研究。相反，他们中的一些人将资源诅咒的政治含义重新解释为来自外部的对主权的威胁，呼应纳扎尔巴耶夫提出的哈萨克斯坦石油引起了其他国家的嫉妒的看法。例如，法拉比哈萨克国际大学的朱马格尔迪·叶柳巴耶夫认为，资源诅咒的主要表现之一是“政府承担越来越沉重的压力，有来自国际合作的压力，有来自能够决定国家主权根本的国际公司注册国的压力”。这将我们引入更宽泛的能源话语之中：将石油视为一种备受追捧的资源，并遵循纳扎尔巴耶夫关于能源和环境危机的骇人警告。

在谈到可持续发展和人类文明的未来时，纳扎尔巴耶夫对石油在社会、政治和经济进步中的作用表达了相当悲观的态度。纳扎尔巴耶夫在《全球社会彻底复兴和文明伙伴关系》中，将能源和环境危机列为“全人类最紧迫和最受关注的三大问题”之一，另外两个问题是粮食短缺和收入不平等。他将危机看作是能源安全和环境保护之间的矛盾。他认为，危机是由世界石油储量枯竭引发的，随着中国、印度和其他发展中国家的经济扩张性增长，危机将进一步恶化。随着石油价格及其运输成本的上涨，石油将成为“地缘政治要素”：

> 无论我们喜欢与否，石油已经成了地缘政治要素和有效调节政治压力的杠杆。我们现在不得不讨论能源胁迫、能源威胁和能源恐怖主义。能源来源和供应路线成为国际恐怖分子袭击的潜在的、非常脆弱的目标。我们已经越界，从控制石油的文明社会陷入由石油控制的文明社会！我们需准备为此付出越来越多的实实在在的代价。

根据纳扎尔巴耶夫的说法，石油是 21 世纪的能源。他的能源安全观侧重于石油供应侧的可靠性。其核心理念是石油资源稀缺且全球依赖石油。持此观点，石油被极度安全化，即石油成了安全问题，并成为“恐慌政治”讨论的议题。为了全面起见，纳扎尔巴耶夫将环境危机描述为一场正在出现的“生态灾难”。他认为，这是“生态暴力”的结果，是“非理智地使用碳氢化合物能源载体”的结果。①

按照纳扎尔巴耶夫的逻辑，哈萨克斯坦巨大的石油储量如今却将哈萨克斯坦置于面临潜在未知的地缘政治威胁之中，而这些石油储量在未来不可避免地要枯竭，这将造成长期经济发展的结构性问题。纳扎尔巴耶夫认为“有一件事是明确的”：

> 我们需要采取紧急措施，解决全球能源当务之急，解决生态当务之急。这就要求我们时时刻刻积极地开展能源技术的创新发展：优化消费、保护自然资源、节能、开发可再生能源和鼓励可替代能源的开发。

总而言之，占主导地位的能源话语同时包含两层含义：巨大的石油储量既是一种恩宠，也是多种脆弱性的根源。石油是哈萨克斯坦独立的基础，也是苏联解体后对哈萨克斯坦主权的最大威胁。哈萨克斯坦对石油收入的依赖被视为其经济发展的一个暂时阶段。哈萨克斯坦被描绘成一个现代化的、充满活力的石油国家，不会让当前状况任其发展，而是将利用石油资金向新型现代

---

① 能源和环境危机的概念在《21 世纪可持续发展的全球能源和生态战略》中进一步论证。纳扎尔巴耶夫在书中总结了“关于构建全球和亚欧经济联盟的能源安全和环境可持续发展问题的理论和方法研究”。这本书也被称为纳扎尔巴耶夫给发展中国家传递的“信息”，其出版时间与 2012 年联合国可持续发展大会同步。

化经济转型，并将自己提升到一个崭新的发展阶段。在此理论指导下，纳扎尔巴耶夫政府确信他们是后石油时代光明未来的唯一保障者。

将哈萨克斯坦建成为石油大国：石油特许开采和纳扎尔巴耶夫主义

21 世纪初，哈萨克斯坦重置了政府权力与经济管理的关系，建立了类似普京在俄罗斯实施的“垂直管理”模式。正如沃伊切赫·奥斯特罗夫斯基（Wojciech Ostrowski）的研究所揭示的，纳扎尔巴耶夫政府安全地控制着石油行业，主要方式是控制和轮换管理人员，其中最重要的考虑因素是对纳扎尔巴耶夫的忠诚。纳扎尔巴耶夫成功地控制了该国石油资源的收益，获得了足够的政治和经济资源，以实施、维护奥斯特罗夫斯基（Ostrowski）定义的“准统合主义”体制。21 世纪初，纳扎尔巴耶夫能源政治的一个主要特点是石油工业及其分包商的“哈萨克族化”：一家公司“只能获准进入石油工业，因为它至少部分由该政府的臣民所有，而该臣民也是哈萨克族”。此外，纳扎尔巴耶夫政府为哈萨克斯坦国家石油天然气公司配备哈萨克族员工，并为非哈萨克族人员的加入设置了障碍。这一政策提升了哈萨克族石油人的地位。因此，哈萨克族“不仅要感谢他们的代言人纳扎尔巴耶夫给予他们的较高地位，还要感谢纳扎尔巴耶夫在后苏联时期给予他们的无法估量且超越任何利益的特权地位”。因此，通过石油行业的哈萨克族化，纳扎尔巴耶夫创立了复杂、现代且各方满意的代言人与臣民关系，确立了超越民族或宗族关系的忠诚。

然而，在话语层面上，纳扎尔巴耶夫政府将石油工具化，不是作为哈萨克族政治权力的来源，而是作为哈萨克斯坦全体人民集体繁荣的源泉。纳扎尔巴耶夫政府鼓励民众在评价石油作为国家财富时要有民族自豪感。因此，全民日益增强的民族意识与哈萨克斯坦的资源财富密切关联。换句话说，对国家自然资源，特别是石油的主权控制成为多民族哈萨克斯坦共和国民族自信的基石之一。

在此，很有必要强调一个严重的矛盾。虽然官方话语认为哈萨克斯坦人民是自己房屋象征意义的所有人，但从来没有被确定为是自然资源的拥有人。从其1995年《宪法》(第3条第6款)开始的所有官方文件都强调自然资源为国家所有。2010年《地下土地和地下土地使用法》进一步阐明了这一宪法规范，将自然资源的国家所有权定义为“哈萨克斯坦共和国国家主权的基本组成要素之一”(第10章第1条)。纳扎尔巴耶夫利用宗教意识将宪法和国家其他法律中规定的国家对自然资源的所有权合法化：

地下土地、水、植物群和动物群完全归国家所有。

并非所有参与起草1995年《宪法》的人都支持这一观点。

> 私人财产权的热情支持者提出允许私人有权拥有一切的可能性。同时，工作组的大多数成员认为，允许私人拥有非人类劳动创造的东西没有事实依据。我们领土上的财富是上帝赐给我们并由我们的祖先留存下来，是在我们之前就存在的，我们之后也将存在。因此不仅属于我们，也属于我们的后代。

此话语将国家视为自然资源的真正和唯一合法所有者。自从哈萨克斯坦政权和国家被有意混为一体，纳扎尔巴耶夫作为“哈萨克斯坦特殊发展道路不可侵犯的保证人”，承担管理自然资源和重新分配资源收入的责任。

上述话语，由纳扎尔巴耶夫政权满足公民社会经济需求的能力而得到强化。也就是说，纳扎尔巴耶夫在多个场合赞扬自己在大宗商品价格高位时期明智地使用了石油资金，将其中的大部分资金重新注入主要的主权财富基金——哈萨克斯坦共和国国家主权基金（NFRK）。2006 年，纳扎尔巴耶夫提醒全国，如果哈萨克斯坦用“石油快钱”提高其公民的社会福利和收入，那将只会“被石油收入所束缚”。相反，他建议将这笔钱存起来“以备不时之需”，或直接用于“支持和发展国家的优先事项”。虽然“优先事项”仍然隐藏在纳扎尔巴耶夫政府的黑匣子中，但两次经济大规模放缓的“困难时期”还是如约而至，即 2008 年和 2014 年出现的经济衰退。2014 年纳扎尔巴耶夫发表全国讲话时指出，由于在油价上涨时，他没有让哈萨克斯坦人民“把石油快钱花在日常需要上”，而是“储蓄并倍增了石油资金”，现在哈萨克斯坦拥有储蓄资金，能够帮助其人民“度过艰难时刻，并能刺激国民经济增长”。

另一个支持纳扎尔巴耶夫政权的资源民族主义新战略和国家资本主义模式的话语是：对1990年代初私有化问题的叙事。在21世纪第二个十年中期，纳扎尔巴耶夫称私有化为“哈萨克斯坦历史上最具争议的一页”。他进一步将私有化描述为对经济进步至关重要的一步，但同时也是一个混乱和无序的过程，滋养了一批漠视国家利益的商业精英。后来，他还经常强调，20世纪90年代初的哈萨克斯坦和21世纪最初十年中期的哈萨克斯坦完全不同。因此，恢复国家对具有战略意义的石油行业的控制成为另一项国家建设行动，而纳扎尔巴耶夫政府则成为确保这一进程公平和合法进行的唯一权力部门。

纳扎尔巴耶夫政府推出的许多话语都是在哈萨克斯坦独立后的第一首府阿斯塔纳从字面意义上实现的[①]。正如许多研究指出的那样，阿斯塔纳的新城市景观设计旨在激发民族自豪感，构建国

① 1991年苏联解体时，切列诺格勒（也称为阿克莫拉）是哈萨克斯坦大草原中部的一个偏远工业城镇。独立后，纳扎尔巴耶夫决定将这个小镇改造成新主权国家的首都，并给它起了一个新名字：阿斯塔纳（哈萨克语“首都”的意思）。1997年，首都正式迁至阿斯塔纳。2006年，当局将首都日从6月10日改为7月6日，恰巧与纳扎尔巴耶夫的生日一致。官方解释称，新日期指的是1994年7月6日，纪念哈萨克斯坦最高委员会指定该市为新首都的决定。2019年，议会为纪念纳扎尔巴耶夫，将首都更名为努尔苏丹。2022年9月17日，哈萨克斯坦总统托卡耶夫签署宪法修正案，将首都重新命名为阿斯塔纳。

家独特的辨识性特征。这座城市成为无处不在的宣传民族主义的焦点，在纳扎尔巴耶夫政府的国家建设项目中扮演重要角色。甚至阿斯塔纳的城市地理也象征性地代表了哈萨克斯坦石油与政府之间的密切关系：在行政区（被称为左岸），宏伟的哈萨克斯坦国家石油天然气公司（KMG）总部大楼毗邻总统府、最高法院和各个国家部委。

哈萨克斯坦国家石油天然气公司总部（图 5.1）是阿斯塔纳圆形广场的一部分，这是一个 70000 平方米的综合建筑体。哈萨克斯坦国家石油天然气公司总部所在的大楼是一座大型建筑，作为圆形广场的主要入口。该建筑在其建筑结构中体现了多重灵感。哈萨克斯坦国家石油天然气公司总部大楼的拱门位于两座塔形建筑和稍低的矩形建筑之间，让人想起凯旋门。这座 18 层楼高的建筑几乎完全由金粉色玻璃窗构成，由白色和灰色混凝土隔开，模仿希腊大立柱，凸显立面上的垂直线。哈萨克斯坦国家石油天然气公司总部多处参照世界著名建筑，既反映了传统性（如凯旋门），又反映了现代性（玻璃和混凝土）。要进入圆形广场，行人就得穿过哈萨克斯坦国家石油天然气公司总部拱门。这条通道是阿斯塔纳的主要轴线之一，因为它将石油公司总部与其他三个重要地标性建筑连接起来：可汗之帐娱乐中心（Khan Shatyr Entertainment Center）、巴伊杰列克塔（Bayterek Tower）和总统府（图 5.2）。

图 5.1　位于阿斯塔纳的哈萨克斯坦国家石油天然气公司总部

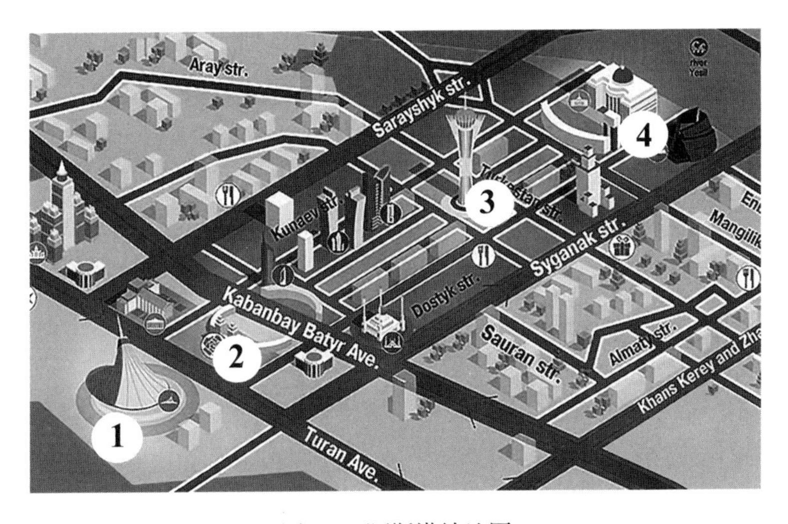

图 5.2　阿斯塔纳地图

行人爬上楼梯从北面进入圆形广场，就可看到位于广场外的巴伊杰列克塔的外形全貌（图 5.3 和图 5.4）。这座塔是一座颇受欢迎的景观塔，也是哈萨克斯坦的象征（10000 哈萨克斯坦坚戈纸币上印有巴伊杰列克塔）。与石油公司总部一样，巴伊杰列克塔融合了线形和圆形结构。主要结构是钢基座，在金属支点上缓慢打开，如花瓣怒放。一个巨大的金球位于这些钢瓣的中心。巴伊杰列克塔旨在体现一个哈萨克民间故事，关于一棵神秘的生命之树和一只神奇的幸福之鸟的故事。从这个意义上讲，它将新的现代化哈萨克斯坦与传统联系起来。观景台高 97 米，对应 1997 年阿斯塔纳正式成为哈萨克斯坦首都的年份。在观景塔的顶层，你可以看到纳扎尔巴耶夫右手的镀金手模，它安装在华丽的基座上。牌匾上的文字邀请游客把手放在手模上许愿。从巴伊杰列克塔的观景台，游客可以看到总统府，国家石油天然气公司总部大楼的通道也通向这里。

图 5.3　哈萨克斯坦国家石油天然气公司总部大楼及从圆形广场通过大楼拱门看到的巴伊杰列克塔

图 5.4 巴伊杰列克塔和总统府

阿克尔达总统府（图 5.5）是哈萨克斯坦总统办公场所，自2004 年以来一直是纳扎尔巴耶夫的官邸。与本书之前描述的其他建筑一样，这座宫殿展示着多种寓意。其正面有一个半圆形门廊，由巨大的柱子支撑，灵感来自美国总统的官邸和工作场所白宫。宫殿的总体结构显矩形，支撑着一个天蓝色和金色相间的穹顶（哈萨克斯坦的国家颜色），顶部是一个金色尖顶，顶端是一个金球。宫殿仍然通过步行通道与其他两座建筑，即与国家石油天然气公司总部大楼和巴伊杰列克塔相连。

图 5.5　从巴伊杰列克塔俯视总统府

最后，人行道还通往可汗之帐娱乐中心。离开圆形广场，通过石油公司总部大楼的拱门，爬上南侧的楼梯，可以看到可汗之帐的轮廓慢慢出现在拱门的空隙中（图 5.6 和图 5.7）。可汗之帐由英国技术建筑师诺曼·福斯特（Norman Foster）于 2006 年设计，是一座新未来主义建筑，也是阿斯塔纳的重要地标建筑之一。它是金属支架支撑的半透明倾斜结构，椭圆形底座向上指向天空，形状像尖顶帐篷。从鸟瞰图上看，这座建筑看起来像传统的哈萨克民居——哈萨包。可汗之帐是阿斯塔纳的杰出建筑之一，一直被官方称之为新哈萨克现代化和繁荣昌盛的象征。

总的来说，上述四个地标建筑构成的城市建筑群，有目的地将下列要素联系起来：个人化的国家权力（如总统府）、独立和国家建设叙事（如巴伊杰列克塔）、石油收入（国家石油天然气公司总部）和哈萨克斯坦的现代化（可汗之帐娱乐中心）。他们都利用结构形状和建筑材料，将传统和创新的理念融合到官方的权力意识形态中。

图 5.6　从圆形广场南侧平视国家石油天然气公司和可汗之帐娱乐中心

图 5.7　可汗之帐娱乐中心

总体而言，整个阿斯塔纳城的建筑就是哈萨克斯坦石油驱动的现代化的宏大纪念。据市民讲，阿斯塔纳的建设是由石油公司资助的，这些石油公司慷慨地为各种基础设施项目捐款。爱德华·沙茨也强调了大家公认的说法，并补充道，那些在利润丰厚的哈萨克斯坦市场寻到立足之地的国外开采公司，为哈萨克斯坦首都的建设提供了捐助，显然这帮助他们在招标中具有获得合同的优势。看来，石油成了哈萨克斯坦的最终福祉，成了民族自豪感的源泉，而纳扎尔巴耶夫则再次被塑造成了石油收入再分配的唯一保证人，最大限度地保证哈萨克斯坦人民的利益。

石油多元文化主义与国际主义

在20世纪90年代初，随着苏联意识形态体系崩溃，哈萨克斯坦政治、经济和社会危机与意识形态和观念真空不期而至。哈萨克斯坦人民不仅要彻底改造国家，还要彻底改造自我。独立后，哈萨克斯坦的许多穆斯林对他们祖先传下的宗教感到无比敬仰。然而，纳扎尔巴耶夫政权未能将伊斯兰教转化为支持其政治合理性的依据。

根据纳扎尔巴耶夫政府官方的国家建设话语，哈萨克斯坦的主要政治任务是创立哈萨克斯坦民族。哈萨克族不被理解为一个民族类别，而是一个公民集合团体。以此为理论基础，伊斯兰教只是哈萨克斯坦本土多元文化构成的其中一元。而纳扎尔巴耶夫的石油国观念强烈希望哈萨克斯坦保持世俗。正如加利娜·叶梅利亚诺娃（Galina Yemelianova）所说，哈萨克斯坦的政治精英们“对任何形式的伊斯兰教都一无所知”。自20世纪90年代中期以来，纳扎尔巴耶夫政府自上而下推行世俗主义。

根据官方的话语，哈萨克斯坦内部团结，对西方现代化开放，这样应该会提升其国际声望，从而确保外国投资的稳定流入。这样的思路使得纳扎尔巴耶夫政府用世俗主义来保护其在能源行业的利益。同样的话语在国际层面也开始活跃。正如巴瓦·戴夫（Bahva Dave）所说，纳扎尔巴耶夫政权“巧妙地学会了塑造和利用”一个伊斯兰教为主的、石油丰富的国家形象。该国家政治稳定，没有种族或宗教冲突，没有“恐怖主义”威胁，且国家在亲西方政府的强有力领导下。这可以吸引西方和亚洲投资者。

在国内和国际层面，纳扎尔巴耶夫积极宣传以哈萨克斯坦独特的世俗多元文化主义为基础的民族团结理念，世俗多元文化是经济可持续发展的最有价值的要素和先决条件。纳扎尔巴耶夫在《哈萨克斯坦之路》中写道：

> 如果我们谈论哈萨克斯坦的发展模式，当然，我们所谈的不仅限于经济发展模式的选择，这也是一种政治发展模式，不仅涵盖总的宪法法律规定，还包括政治体制和教派间的关系。在这一方面，哈萨克斯坦成为现代世界的典范。而且哈萨克斯坦的发展得到了国际和国内

的高度认可。民族思想和宗教思想在这片脆弱的土地能够保持15年基本不变，不发生冲突，这很大程度上说明了哈萨克斯坦的发展模式的正确。

顺着这一思路，纳扎尔巴耶夫在其关于哈萨克斯坦历史的最新著作《独立时代》中得出结论，哈萨克斯坦“在处理国家与宗教之间的关系中找到了黄金法则，即允许国家政府和宗教派别卓有成效地合作，以加强民族团结”。2012年发布的哈萨克斯坦2050战略表述中，在确保文化和宗教差异不引发安全问题部分，将“文明冲突”认定为哈萨克斯坦在21世纪面临的十大挑战之一，并罗列了以下应对措施：

> 我们必须学会在文化和宗教共存的环境里生活。我们必须致力于不同文化和文明之间的对话。只有通过与其他国家的对话，我们的国家才能在未来获得影响力。在21世纪，哈萨克斯坦必须加强在该地区（中亚地区）的领导地位，成为东西方对话和互动的桥梁。

世俗多元文化主义话语与纳扎尔巴耶夫的愿望相互交叉重叠。他渴望哈萨克斯坦成为国际社会享有平等权利的成员，并且是能够有所贡献的一员。因此，哈萨克斯坦的多元文化主义和世俗主义受到称颂，并不是因为超越文化、民族和宗教差异的自由、宽容、普世、人道，而是因为哈萨克斯坦对全球化持开放态度，愿意与任何投资其经济的国家合作。

最后，纳扎尔巴耶夫计划把哈萨克斯坦建设成现代化石油国家的第二大理论支柱是国际主义，国际主义成为明显非对抗和多载体外交政策的基础。纳扎尔巴耶夫将哈萨克斯坦定位为“欧亚大陆的中心”，将其视为俄罗斯、中国、欧盟、土耳其、伊朗、印度、日本、韩国等不可或缺的天然盟友。纳扎尔巴耶夫在每一次总统讲话中都强调全球经济一体化的重要性。他希望人民“具有全球思维”，并准备好“参与全球决策”，为“国际关系新架构的形成”做出贡献。与此同时，纳扎尔巴耶夫强调，哈萨克斯坦需要接受全球化的思维逻辑，并学会按照全球化的逻辑行事：

> 全球经济体系是一个结构完善、运行良好的机制，按照自己的规则运作。我们在操作时必须遵守这些规则。世界市场并不期待我们的加入，但我们需要使自己受到欢迎，并在国际市场立足。

国际主义理念与多元文化主义和世俗主义的话语紧密关联。按照纳扎尔巴耶夫的观点，只有多元文化的、世俗的哈萨克斯坦才能被国际社会所接受，也只有多元文化的和世俗的哈萨克斯坦才能吸引外国投资者。

总之，世俗多元文化主义和国际主义话语有两个功能。第一，在国内层面，成为维护纳扎尔巴耶夫在哈萨克斯坦的统治并使其合理化的话语体系的一部分，而且是高度契合的一部分。此外，上述话语还要维护纳扎尔巴耶夫对国家石油资源的控制权利，并使其合法。第二，这些话语是哈萨克斯坦在国际层面自我表达的核心，是哈萨克斯坦国际品牌的一部分。纳扎尔巴耶夫对哈萨克斯坦的形象塑造不仅是为了将其与其他石油国区别开来，同时也秉持开放态度，为国家创造尽可能多的合作机会。

可以用一个概念来思考两个方面的联系，即哈萨克斯坦国家主导的世俗多元文化主义和所谓的国际主义与能源政治的联系，这个概念是石油伊斯兰概念。赛义德·曼扎尔·阿巴斯·扎伊迪将石油伊斯兰定义为一种特定类型的伊斯兰，其首要目标是“保护石油财富，或者更恰当地说，保护那些拥有大部分财富的部落社会的社会关系”。纳兹·阿尤比注意到，在沙特阿拉伯和波斯湾的大多数领土较小国家，“石油伊斯兰在国内重视对宗教的诠释，宗教在形式上过于仪式化，在社会经济方面过于保守”。所以，以波斯湾国家为例，保守的、组织管理严密的伊斯兰教是国家控制石油行业和重新分配石油资金的合法依据。尽管纳扎尔巴耶夫政府对伊斯兰教的认识完全相反，但将石油与宗教联系起来的话语机制是相同的。理查德·莫恩（Richard U. Moench）尖锐地指出了石油伊斯兰作为一种意识形态的本质：石油伊斯兰“从神学观点讲含义是模糊的，但从社会学的角度讲含义是清晰的”。事实上，纳扎尔巴耶夫政权将宗教既简化又神化，并推动其自上而下退回到世俗主义，将伊斯兰教工具化，将其视为对石油驱动哈萨克斯坦繁荣的威胁。纳扎尔巴耶夫政府利用宗教政策和多元文化主义，打造哈萨克斯坦石油国。因此面对伊斯兰教和多元文化的理论，其使用的工具可以从功能上定义为：石油世俗主义或石油多元文化主义。

哈萨克斯坦能源话语政治中的“我们”和“他们”

纳扎尔巴耶夫反复强调，俄罗斯从来不是苏联本身。尽管纳扎尔巴耶夫承认，作为苏联的一部分，哈萨克斯坦受到“核心”决策权的制约，但他将哈萨克斯坦视为苏联现代化的平等成员国，而不是俄罗斯的懦弱的殖民地。作为苏联的继承者，俄罗斯代表着失败，未能为新自由主义发展模式提供可行的替代方案。这种对苏联历史的定位，就使得纳扎尔巴耶夫能够将哈萨克斯坦从苏联集权社会主义体系的崩溃中分离出来。他也没有把俄罗斯归入发展中国家。纳扎尔巴耶夫给哈萨克斯坦贴上了发展中国家的标签，并将俄罗斯排除在这一群体之外。他将哈萨克斯坦和俄罗斯在苏联解体后的经历区分开来。因此，苏联是“我们”，而俄罗斯是“他们”。

纳扎尔巴耶夫重点强调，与苏联的许多其他加盟共和国不同，哈萨克斯坦在20世纪90年代初“做出了正确的选择”，并在2010年后继续走“正确的道路”：

> 在短短25年时间里，一个在苏联被不公正地列为落后国家的苏联加盟共和国变成了一个现代化国家，建立了独立国家地位、有效的市场经济、民主的社会制度、较高的国际威望。所有这一切都是一个复杂、动态、现代化的过程，即打破陈旧的体制，实施大胆改革，建立现代化的新制度的过程。

这样看来，发展过程变成了竞争过程。纳扎尔巴耶夫断言哈萨克斯坦在苏联各加盟共和国中在许多领域是“唯一”或“第一”的国家。他将哈萨克斯坦与其他苏联加盟共和国进行了对比，他认为这些国家未能实现现代化和全球化。与之相反，哈萨克斯坦对全世界开放，积极向发达国家学习。一个多次列举的例子是，2000年哈萨克斯坦决定建立哈萨克斯坦共和国国家主权财富基金（NFRK），据官方能源话语，此基金的成立受到挪威经验的启发。

虽然官方话语强调与俄罗斯和其他苏联加盟共和国保持密切关系的好处，但他们认为哈萨克斯坦是更广泛的国际社会的一员，而不是所谓的“后苏联空间”的一部分。在全球国家层级中，哈萨克斯坦将自己定义在发展中国家之列。然而，在发展中国家里，哈萨克斯坦并不与非洲和拉丁美洲的发展中国家相提并论。具体而言，尼日利亚、委内瑞拉和阿根廷等石油国家被视为失败的石油国家，通常被视为哈萨克斯坦永远不应该模仿的对象。相比之下，新加坡、马来西亚、韩国和中国通常被认为是哈萨克斯坦的合适榜样。与此同时，纳扎尔巴耶夫政府并不把哈萨克斯坦看作是一个亚洲国家。相反，纳扎尔巴耶夫引入并延伸了他在过去20年中一直在传播的亚欧概念构想。

纳扎尔巴耶夫将哈萨克斯坦象征意义上和地理上定位为“亚欧大陆的中心”。在纳扎尔巴耶夫看来，位于亚欧就有别于位于亚洲（东部）和位于欧洲（西部）。亚洲与多个刻板印象关联，包括欠发达、文盲、极端主义、宗教激进主义和暴力，而欧洲则代表现代、优越。但在文化和社会上，两者对哈萨克斯坦来说都是外来的发展模式。此外，欧洲过去代表着殖民压迫和帝国主义。作为一个欧亚国家，哈萨克斯坦比其他东部邻国更文明、更现代化。但其仍然不是一个完全意义上的西方国家，因此有权选择其独特的发展道路，这种发展模式不同于高度集权的新自由主义模式。

纳扎尔巴耶夫的欧亚论逻辑与哈萨克斯坦后殖民主义身份形象相交叉，与其以前的第三世界身份有所不同。官方强调后殖民话语意在进一步将哈萨克斯坦与苏联历史脱钩，并强化哈萨克斯坦是一个独立参与国际关系的国家，与俄罗斯完全相同。哈萨克斯坦认为自己只是半殖民地国家，并不认为自己是帝国主义的受害者。巴夫娜·戴夫（Bahvna Dave）讲述了她在20世纪90年代初与哈萨克斯坦学者的讨论，认为哈萨克斯坦学者对殖民主义的解读“相当草率”，因为他们并不反对苏联殖民统治本身，而是表达了“对苏联未能完全实现其承诺的目标感到失望”。戴安娜·库代贝格诺娃（Diana Kudaibergenova）强调在21世纪第二个十年，哈萨克斯坦也出现了后殖民话题讨论。她指出，哈萨克斯坦的后殖民话语“就像当地国家建设政策制定过程一样脆弱和不稳定”。她强调，她在哈萨克斯坦的受访者在指责过去殖民主义的统治者时含糊其词，避免表达“激进的反殖民主义思想，即避免表达反俄罗斯的思想倾向”。一般来说，殖民主义与羞辱和耻辱相关联，殖民地国家则意味着地位卑微。主流话语避免与这种殖民地位联系起来，而是将哈萨克斯坦与殖民主义的受害国区分开来。

总之，哈萨克斯坦口中的“我们”仍然归属于苏联，而发展中国家则是“他们”。哈萨克斯坦认为自己是第二世界国家，也意在与第三世界国家的政治后遗症脱钩。哈萨克斯坦将自己看作是独特欧亚身份的载体。这些复杂的、相互矛盾的国家身份塑造，转化为更加复杂和更加矛盾的能源国家身份特征。

根据主流话语，虽然哈萨克斯坦希望在不久的将来成为“中亚的科威特”，但它不会永远以一个石油国家自居。纳扎尔巴耶夫承诺，哈萨克斯坦将有自己独创的发展道路，尽管存在各种不确定因素，但不会重蹈尼日利亚、挪威、委内瑞拉、沙特阿拉伯和其他石油国家的覆辙，这些国家把自己“溺死在石油美元中”。哈萨克斯坦将俄罗斯视为“他们”，揭示了哈萨克斯坦对俄罗斯的心态。

有些哈萨克斯坦学者将俄罗斯和哈萨克斯坦比作在资源依赖方面面临类似挑战的国家，因为都严重依赖能源收益。相反，有的学者则避开类似的对比，将哈萨克斯坦与俄罗斯区分开来，而用“原材料附庸国”的隐喻来描述苏联解体后俄罗斯的发展路径。

事实上，哈萨克斯坦占主导地位的能源话语有意且一贯地将其他石油国家视为“他们”。自20世纪90年代以来，哈萨克斯坦在第一世界或第三世界国家中没有找到自己的位置。作为处于两者之间的产油国，哈萨克斯坦暴露在地缘政治的威胁和危险之中。所以，哈萨克斯坦能选择的主要目标就是成为发达国家，并逐步放弃对资源收入的依赖。

哈萨克斯坦能源范式：纳扎尔巴耶夫的石油大国

哈萨克斯坦占主导地位的能源话语将石油财富视为苏联解体后哈萨克斯坦独立和繁荣的基础。而官方话语将哈萨克斯坦表述为其他石油国家的对手。普遍认为，哈萨克斯坦对资源出口的依赖制约了哈萨克斯坦的经济发展，这不可避免地会降低其在国际上的地位。哈萨克斯坦能源范式的核心是将其石油驱动的经济繁荣解读为国家发展过程的临时过渡阶段。在纳扎尔巴耶夫政府设定的话语框架中，哈萨克斯坦注定是一个石油国家，但将选择成为一个现代创新驱动型经济体。

哈萨克斯坦能源模式的另一个重要部分是石油安全理念，即把石油认定为全球都在追捧的商品。哈萨克斯坦的官方言论将其石油财富视为贪婪的超级大国的美味佳肴。按照这一逻辑，石油就成了哈萨克斯坦独立和主权所面临的各种威胁的根源。

哈萨克斯坦的石油话语政治与支持纳扎尔巴耶夫政权并使其合理化的话语相辅相成。因此，纳扎尔巴耶夫主义在发展石油业中发挥了重要的作用。纳扎尔巴耶夫被塑造成公平分配石油收入的唯一保证人，保证哈萨克斯坦人民的利益最大化。纳扎尔巴耶夫政府还承诺，要确保哈萨克斯坦顺利过渡到后石油时代。纳扎尔巴耶夫政府就哈萨克斯坦与石油的关系提出两种含义更广的理论：国际主义和石油多元文化论。纳扎尔巴耶夫政府利用宗教政策和多元文化理论，将哈萨克斯坦塑造成一个特殊的石油国家。根据官方论述，哈萨克斯坦的内部团结和对西方现代化的开放的政策，提升了其在国际上的声望，因此，确保了外国投资的稳定流入。

总之，石油在哈萨克斯坦既是发展的源泉，也是造成其弱点的根源，而纳扎尔巴耶夫政府则是唯一的代表，唯一能够将石油变成哈萨克斯坦人民福祉的代表。从这个意义上讲，哈萨克斯坦的能源范式是支持纳扎尔巴耶夫高度集权统治并使其合理化的话语政治。

中哈能源对话

中国在哈萨克斯坦的国有石油公司：现实与感知

中国国有石油公司于20世纪90年代末首次购买哈萨克斯坦的石油股权，然而，直到21世纪最初十年中期，中国在哈萨克斯坦石油行业中还不是引人注目的角色。2005年，中国石油宣布以42亿美元收购加拿大注册的哈萨克斯坦石油公司（PetroKazakhstan），中哈能源关系成为新闻焦点。在此三周前，由于美国政界人士的反对，中国海油不得不放弃对优尼科的收购。哈萨克斯坦分析师努尔·苏丹认为，加拿大投资者在21世纪最初十年中期"关闭了公司"，因为他们不想投资哈萨克斯坦的基础设施和社会福利项目，不想与别人"分享"利润。与之相反，中国的国有石油公司采取了"更加合作的态度"，因此受到纳扎尔巴耶夫政府的热烈欢迎。当年年底，中国海油与哈萨克斯坦国家石油天然气公司签署了一份谅解备忘录，共同勘探里海大陆架上的达尔汗油田，据估计，该油田储量约110亿桶。

2006年2月，哈萨克斯坦媒体报道称，加拿大国家能源公司有意向中国中信集团有限公司出售卡拉让巴斯油田公司96.4%的股份，该油田持有曼格什套州（Mangystau）阿克套（Aktau）北部油田20年的开采权。加拿大能源公司的代表起初否认他们正在与中国投资者谈判；然而，到2006年11月，该公司宣布与中信集团达成协议，以19.1亿美元出售其在卡拉让巴斯油田的股份。

该交易宣布后，哈萨克斯坦所有主要的新闻机构、报纸和新闻网站都转载了马日利斯（议会下院）议员瓦列里·科托维奇（Valery Kotovich）、维克托·埃戈罗夫（Victor Egorov）和阿利汗·贝梅诺夫（Alikhan Baimenov）的声明，他们对“中国扩张”表示担忧。科托维奇将中国国有石油公司的行为描述为“持续的，甚至是直截了当的”。据他说，收购卡拉让巴斯油田将使中国公司控制哈萨克斯坦 40% 以上的石油产量。埃戈罗夫和贝梅诺夫警告说，中国的强势扩张可能威胁哈萨克斯坦的国家利益。三位下议院议员的焦虑发声引发了公众对中国在哈萨克斯坦能源领域日益扩张的性质和后果的热烈讨论。许多评论员都认为，哈萨克斯坦是能源需求旺盛的中国的“美味佳肴”，并认同纳扎尔巴耶夫政府在处理与中国的合作时需要更加谨慎。

两年后，科托维奇解释说，他“在互联网上看到中国在哈萨克斯坦扩张的新闻”，并“对这一信息感到警惕”。回顾过去，他将 2006 年 11 月的公开表态称为“向政府发出的某种信息，以便政府深入思考并制定一个万全之策，把对国家安全的威胁降至最低”。然而，康斯坦丁·西罗兹金和其他一些哈萨克斯坦的中国研究专家推测，科托维奇及其同僚的担忧与未指明的西方公司和俄罗斯能源公司的利益有关。无论马日利斯议员批评中国国有石油公司是出于什么动机，他们的担忧都引起了公众的共鸣。政府认真对待他们传递的“信息”和由此引发的公众热议。经过审查，政府批准了这项交易，条件是中信集团将转售其在卡拉让巴斯油田 50% 的股份给哈萨克斯坦国家石油天然气公司。2007 年 10 月议会批准了《地下资源和地下资源利用法》修正案，规定政府在经济利益受到严重损害、国家安全受到威胁的情况下，有权更改或撤销与国外公司签署的合同。

资源民族主义的出现，是由2002年围绕田吉兹油田[①](Tengiz) 展开的讨论而导致的。立法修正使得资源民族主义制度化的进程得以继续进行。哈萨克斯坦当局表示，修改法律是对公众担忧中国最新收购行为的直接回应。官方话语强调，哈萨克斯坦需要中国的资金，正如中国需要哈萨克斯坦的石油一样。因此，加强对在哈萨克斯坦运营的国际石油公司的控制不会吓跑中国投资者。重要的是，纳扎尔巴耶夫政权能够强化其作为哈萨克斯坦自然资源主权唯一保障者的地位。

尽管对中国和在哈萨克斯坦的中国人的恐惧和偏见不断升级，但中国的石油公司在哈萨克斯坦能源领域的业务继续拓展。2010 年代末油价飙升期间，纳扎尔巴耶夫政府对中国投资者表示了欢迎，并有效地利用中国资金将石油公司重新国有化。2009 年，哈萨克斯坦国家石油天然气公司（ KMG ）和中国石油收购曼格什套油气公司（ Mangistau Munai Gas ）就是一个很好的例子。

---

① 2002 年 11 月，当控制田吉兹雪佛龙的西方公司试图利用石油收益为田吉兹油田的扩建项目投入 35 亿美元资金时，发生了一场争端。哈萨克斯坦政府提出抗议，因为该计划将减少其税收收入。2004 年，《地下资源和地下资源利用法》授予政府在所有能源项目中有优先购买权。2005 年，政府强化了合同条款使其更为严苛。

印度尼西亚中亚石油有限公司（Central Asia Petroleum Lit of Indonisia）自1997年以来一直控股曼格什套油气公司。2007年，印度尼西亚中亚石油有限公司所持的曼格什套油气公司股份已上升到99%。然而，多个消息来源显示，曼格什套油气公司与纳扎尔巴耶夫的家庭成员拉哈尔·阿利耶夫有关联。阿利耶夫与总统的大女儿达里加·纳扎尔巴耶娃（Dariga Nazarbayeva）结婚后，在哈萨克斯坦国家安全委员会工作，并投资了各种资产，包括石油资产。2007年，阿利耶夫在与纳扎尔巴耶夫的女儿离婚后失宠。专家们将印度尼西亚中亚石油有限公司出售其持有的曼格什套油气公司股份的决定与阿利耶夫的失宠联系起来。

纳扎尔巴耶夫政府决心重新控制曼格什套油气公司，但由于持续的经济衰退，哈萨克斯坦国家石油天然气公司没有足够的资金来完成与印度尼西亚中亚石油有限公司的股权交易。2009年，纳扎尔巴耶夫访问了中国，与胡锦涛会晤后，为哈萨克斯坦获得了100亿美元的贷款。尽管媒体经常将这项交易描述为“石油贷款”，但向哈萨克斯坦提供的两项信贷并没有附带石油供应合同。中国进出口银行向哈萨克斯坦国有开发银行提供了50亿美元贷款，同时中国石油向哈萨克斯坦国家石油天然气公司提供了50亿美元贷款。两个国家石油公司还签署了一项单独的协议，同意共同购买曼格什套石油天然气公司的多数股权。曼格什套油气公司的收购于2009年底完成，当时印度尼西亚中亚石油有限公司以26亿美元的价格将其资产分售给哈萨克斯坦国家石油天然气公司（51%）和中国石油（49%），低于 2007 年最初宣布的 33 亿美元。

自 2010 年以来，哈萨克斯坦国家层面的媒体频繁报道颇具争议的观点：中国将很快控制哈萨克斯坦石油业。比如，2013 年 8 月哈萨克斯坦主流新闻网站登载了一位不愿透露姓名的分析家的观点，"中国持有的哈萨克斯坦石油股份超过了哈萨克斯坦本国，也超过了哈萨克斯坦境内其他任何一方"。尽管这些观点通常会招来反驳和质疑，哈萨克斯坦的许多中国问题专家一直认为这符合事实，即在 2009 年曼格什套油气公司被接管后，中国国有石油公司控制了哈萨克斯坦 40% 的石油资源。

相反，中国国有石油公司在哈萨克斯坦的海上项目中没有任何资产，而海上项目长期生产大量石油。只在 2013 年，中国石油购买了里海卡沙甘油田的股份。此次收购，中国石油出资 80 亿美元：50 亿美元用于购买康菲石油公司在北里海作业公司 8.33% 的股份，30 亿美元用于投资卡沙甘石油项目的二期建设。2009 年曼格什套油气公司收购案中，两国政府参与了交易。习近平 2013 年 9 月访问哈萨克斯坦后，中国石油和北里海作业公司最终签署了协议。中国官方话语称纳扎尔巴耶夫和他本人欢迎并支持中国石油参与卡沙甘油田项目。

在获得石油股权的同时，中国还积极投资哈萨克斯坦荒野之地的管道建设。2798 公里长的哈萨克斯坦—中国石油管道的建设项目投资方是哈萨克斯坦国家石油天然气公司和中国石油，管道由一个双方的合资公司运营。阿塔苏—阿拉山口段（987 公里）在短短十个月内完工，2006 年 7 月，该管道从哈萨克斯坦北部阿塔苏附近油田开始输油至新疆独山子炼油厂。该管道目前的输油量为每年 1400 万吨原油，而其设计输油能力为 2000 万吨 / 年。

哈萨克斯坦—中国管道在解决中国快速增长的能源需求问题上的重要性并不显著。同样，尽管管道为哈萨克斯坦提供了与快速扩大的中国市场的直接联系，但与从哈萨克斯坦运往俄罗斯的原油相比，通过管道进入中国的原油量相当有限。然而，由于这是中国第一条跨国管道，是哈萨克斯坦第一条苏联解体后建设的跨境管道，是哈萨克斯坦第一条绕过俄罗斯的管道，许多专家认为该管道的建设是地缘政治变化的重要标志。因此，哈萨克斯坦—中国管道象征着新时代俄罗斯在中亚统治地位的下降和中国影响力的上升。

虽然中国在哈萨克斯坦取得的成就令人印象深刻，但中国国有石油公司仍然没有参与田吉兹和卡拉恰干纳克油田（Karachaganak）的开发，而哈萨克斯坦 55% 的石油产自这两个油田（表 5.1）。通过投资小型项目，中国获得了哈萨克斯坦总产量的 24% 左右的产量。然而，正如许多观察家预测的那样，中国国有石油公司不会通过新建管道将权益石油运回国内。2005 年至 2017 年期间，哈萨克斯坦对中国的石油出口量未超过出口总量的 6%。海关数据显示，哈萨克斯坦向 35 个国家出口原油。哈萨克斯坦石油的主要消费者是西方国家，其中欧盟成员国获得哈萨克斯坦 75% 以上的石油，大部分出口到意大利（32%）、荷兰（15%）、瑞士（11%）和法国（11%）。

表 5.1　哈萨克斯坦产量最大石油公司情况
（截至 2017 年 4 月，雇员超过 1000 人的公司）

公司名称	地理位置	股权归属
奥津石油天然气公司	曼格什套州	哈萨克斯坦国家石油公司（哈萨克斯坦）100%
曼格什套油气公司	曼格什套州	哈萨克斯坦国家石油公司（哈萨克斯坦）51% 中国石油（中国）49%
卡拉让巴斯石油公司	曼格什套州	哈萨克斯坦国家石油公司（哈萨克斯坦）50% 中国石油（中国）50%
哈萨克石油库姆克尔储油公司	克孜洛尔达州	哈萨克斯坦国家石油公司（哈萨克斯坦）33% 中国石油（中国）67%
卡拉恰干纳克石油作业公司	西哈萨克斯坦州	壳牌（英国、荷兰）29.25% 埃尼（意大利）29.25% 雪佛龙（美国）18% 卢克石油（俄罗斯）13.5% 哈萨克斯坦国家石油公司（哈萨克斯坦）10%
诺斯特姆石油天然气公司	西哈萨克斯坦州	荷兰 100%
田吉兹雪佛龙石油	阿特劳州	雪佛龙（美国）50% 哈萨克斯坦国家石油公司（哈萨克斯坦）20% 埃克森美孚（美国）25% 卢克、里奇尔德（俄罗斯、法国）5%
北里海作业公司	阿特劳州	哈萨克斯坦国家石油公司（哈萨克斯坦）16.88% 埃尼（意大利）16.81% 道达尔（法国）16.89% 埃克森美孚（美国）16.81% 壳牌（英国、荷兰）16.81% 中国石油（中国）8.3% 帝石控股（日本）7.5%
埃巴石油天然气公司	阿特劳州	哈萨克斯坦国家石油公司（哈萨克斯坦）100%
中国石油阿克纠宾石油天然气公司	阿克纠宾州	中国石油（中国）94.5% 哈萨克斯坦国家石油公司（哈萨克斯坦）5.5%

“中国威胁论”与石油

尽管中亚各国政治首脑异口同声赞扬中国，称其为可靠、值得信赖的合作伙伴，但各国对中国崛起态度产生分歧。哈萨克斯坦也不例外。

哈萨克斯坦专家认为中国不仅对哈萨克斯坦而言，而且对整个中亚而言，都是制衡俄罗斯和美国的必要力量。不少专家认为，中哈文化和教育交流改善了哈萨克斯坦年轻人对中国发展方式的看法。例如，阿拉木图中国研究中心主任阿迪尔·考科诺夫（Adil Kaukenov）认为，哈萨克斯坦大学生已经将中国视为机会，而不是威胁。另一位著名的哈萨克斯坦中国学者鲁斯兰·伊兹莫夫（Ruslan Izimov）认为，在21世纪第二个十年，中国开始加大对“软实力”的投资，这对中国在哈萨克斯坦的形象产生了积极效果。尽管如此，专家们认为“中国恐惧症”是一个问题。正如考科诺夫所强调的那样，“中国恐惧症一波又一波”地出现，此类情绪的“爆发”在社会对经济发展和政府决策不满时出现。这时，中国政府和中国人民就成了替罪羊。就中哈能源合作而言，2010年和2011年发生在石油资源丰富的曼格什套地区的劳工抗议活动，就是一个生动的例子，即使是谣言，也可能引发对中国的恐惧情绪。

2010年，在扎纳奥津市（Zhanaozen），哈萨克斯坦石油天然气公司旗下诺斯特姆石油公司的6000名员工举行罢工，要求公司支付未支付的危险工种津贴，提供更高的工资和更好的工作条件。经过两周的谈判，石油工人结束了罢工，因为公司同意满足他们几乎所有的要求。2011 年 5 月，卡拉让巴斯石油公司管理层和员工之间的类似劳动冲突导致了大规模罢工。激进分子呼吁在整个曼格什套地区举行总罢工。很快在库里克和阿克套爆发了抗议活动。这次罢工牵涉的三家石油公司，即卡拉让巴斯石油公司、尔塞里海承包商（Ersai Caspian Contractor）和奥津石油天然气公司，拒绝与独立工会谈判，最终解雇了积极参加罢工的员工。地方政府在冲突中站在石油公司一边，使紧张局势升级，起初的劳资纠纷转变为工人与石油公司和政府的对抗运动。这场罢工演变出了政治含义，扎纳奥津市的许多罢工者集体从哈萨克斯坦执政党退出。

2011 年 12 月 16 日，在哈萨克斯坦庆祝独立 20 周年之际，被奥津石油公司解雇的石油工人扰乱了扎纳奥津市的庆祝活动。石油工人的抗议很快转变为大规模骚乱。暴乱者烧毁了几栋行政大楼，包括市长办公室和奥津公司办公楼，以及公司高管们的私人住宅。警察向暴乱分子开枪，打死 14 人，打伤 90 多人。

警察与抗议人群冲突的第二天，纳扎尔巴耶夫在安全理事会会议上发表讲话，将一连串事件认定为“一群个人的犯罪行为”，并“导致大规模骚乱”。他强调，“石油工人的劳资纠纷不应与流氓行为联系起来，流氓想利用乱局来达到他们的犯罪图谋”，并警告骚乱的“主谋”，政府将很快确定他们的身份。虽然官方将暴力归咎于未指明的邪恶的“他们”的行为，但社交媒体和反对派新闻网站发布了批评纳扎尔巴耶夫政府的评论。石油工人罢工和扎纳奥津悲剧抹杀了纳扎尔巴耶夫长期为将哈萨克斯坦塑造为一个民主的和政治稳定的国家所做的努力，损害了哈萨克斯坦政府的国际形象。在国内话语政治层面，一系列事件造成了“话语错位”，因为将纳扎尔巴耶夫政府描绘成经济繁荣和安全稳定的创建者的话语，无法将扎纳奥津事件归结为国内内部的原因所致并加以解释。从这个意义上说，纳扎尔巴耶夫政府和批评人士都将冲突的升级归咎于含糊不清的“邪恶他人”。这完全表明，围绕石油工人罢工和扎纳奥津悲剧的话语政治揭示了哈萨克斯坦潜在的中国恐惧症是多么容易将中国变成“他们”中的国家之一。

20世纪最初十年中期中国对哈萨克斯坦的政策

自20世纪90年代中期以来，中国一直在上海合作组织（SCO）的框架下在中亚地区推广自己的发展经验，力图奠定相互了解的基础，开创新型社会经济和政治关系。上海合作组织的一个重要且创新的属性是“上海精神”，即共同的价值观，如和平、合作、开放和追求和谐。中国还强调其作为上海合作组织创始国的地位，以及中国是主要倡导者和设计人的地位。中国为中亚各国提供合作伙伴关系，合作的基础是：外交政策多元化、世界主义、互利互惠、共同发展目标、平等公正。能源资源领域的合作被列为“务实合作”项目，另外还有社会文化交流和共同打击“三股势力”（贩毒、跨国犯罪、网络犯罪）等许多可能合作的领域。总而言之，中国将自己定义为中亚有经验的合作伙伴，但仍然是平等的伙伴，并强调将提供“无附加条件”的合作机会。

21 世纪最初十年中期，中国官员将中国与哈萨克斯坦和其他四个中亚国家的双边关系定义为与上海合作组织多边对话的合理延伸①。然而，尽管中国多次试图提高上海合作组织的权威性，但该组织还未能成为多边合作的有效平台。换言之，上海合作组织更多成为中国与中亚沟通的桥梁和纽带。特别是，中国把中亚当作一个“整体”来对待。

例如，中国官员经常强调“中亚有丰富的油气资源”，而只有哈萨克斯坦和土库曼斯坦可以被视为是石油和天然气丰富的国家②。关于中国与中亚国家关系的学术文献中也有类似的趋势，中亚五个国家都被描述为具有相同的人口、文化、发展潜力、挑战和社会政治制度。一些中国学者总结性地提到，“中国与中亚的石油合作主要集中在哈萨克斯坦”。哈萨克斯坦成为“中亚的宝库”，因此，它不是作为一个独立的个体被谈论，而是作为中亚地区的一部分。在这个框架下，哈萨克斯坦与中国的能源合作已

① 哈萨克斯坦、吉尔吉斯斯坦、塔吉克斯坦和乌兹别克斯坦是上海合作组织成员国，土库曼斯坦以特邀嘉宾身份出席了大部分峰会。

② 乌兹别克斯坦经常被描述为资源丰富国家。然而，它与土库曼斯坦的天然气和哈萨克斯坦的石油资源情况不在同一水平上。乌兹别克斯坦的石油产量在过去十年中稳步下降。天然气的情况稍好一些。2015 年，乌兹别克斯坦是欧亚大陆第三大天然气生产国，仅次于俄罗斯和土库曼斯坦。然而，新的发现即跟不上现有气田的储量下降速度，这样刺激了对天然气开发进一步投资的需求，以及将气田现代化的需求。吉尔吉斯斯坦和塔吉克斯坦没有较大量的石油和天然气储量。这两个国家都具有水力发电和风能发电的潜力，但都未能充分利用其禀赋，仅利用了约 5% 的可用潜能。

经成为中国与中亚合作的一部分。

中哈能源合作与中国新外交

习近平在“一带一路”倡议（BRI）中将中亚确定为中国通往欧洲和中东的“陆上通道”。“丝绸之路经济带”概念是习近平2013年9月正式访问哈萨克斯坦共和国时在纳扎尔巴耶夫大学提出的。该倡议在访问哈萨克斯坦期间首次正式提出，突出了中亚在“一带一路”建设中的重要象征地位，同时传递了一个信号，即中国把哈萨克斯坦视作建设新丝绸之路的核心角色之一。

在宣布丝绸之路经济带建设理念时，习近平说：“我仿佛听到了山间回荡的声声驼铃，看到了大漠飘飞的袅袅孤烟。这一切，让我感到十分亲切。”最终，骆驼成为“一带一路”建设计划的主要标志之一。穿越沙漠的骆驼队不仅经常出现在官方网站和报纸文章中，也经常出现在中国官员的演讲中。例如，李肇星说，“骆驼和帆船都是亚欧大陆及附近海洋商贸和文化交往的象征”。中国官员还经常提到中国汉代探险家张骞的传奇故事，张骞被认为是中国“发现”中亚的第一人。中国官员将古代丝绸之路的历史神圣化、浪漫化，这样讲就把“一带一路”倡议与中亚、中国共享的历史联系起来。在中国的话语表述中，“一带一路”并不是一个新事物，而是一个几个世纪以来重新连接中国和中亚的历史、经济、社会和文化纽带的机会。以此为逻辑，中国和中亚的“命运共同体”就具有历史性和适时性，而中国与其近邻国家之间的互利共赢的合作的叙事则成了“一带一路”倡议的话语政治核心。

在“一带一路”的概念下定义中亚时，中国官员经常使用“桥梁”“必经之路”“走廊”“枢纽”和“战略要地”等词。在“一带”的名义下，中国为哈萨克斯坦和其他中亚国家提出了“全方位”合作战略。正如《人民日报》社论总结的那样，丝绸之路经济带，将从实质上改善中国与中亚国家关系的发展走向，“通过加强政策沟通、道路联通、贸易畅通、货币流通和民心相通，使欧亚各国经济联系更加紧密，相互合作更加深入，发展空间更加广阔”。重要的是，中国承诺尊重中亚国家的政治独立地位，并维持与俄罗斯关系的现状：

> 中国坚持走和平发展的道路，坚定奉行独立自主的和平外交政策。我们尊重各国人民自主选择的发展道路和奉行的内外政策，绝不干涉中亚国家内政。中国不谋求地区事务主导权，不经营势力范围。我们愿同俄罗斯和中亚各国加强沟通和协调，共同为建设和谐地区做出不懈努力。

这样的话语表明，所有五个中亚国家都有与中国合作的空间，中亚各国独立自主地选择是否参与“一带一路”建设。重点是，中亚不会被迫作为一个整体做出对中国倡议的反馈，而是各国可以独立加入。这样，在“一带一路”倡议下，中国巩固了与中亚国家的现有双边关系，而不是在中亚建立一个新的多边联盟。

2014年底，纳扎尔巴耶夫政府宣布了一项新的发展计划——“光明大道”（Bright Path）计划。该计划旨在抵御危机，是2012年发布的哈萨克斯坦2050年长期发展战略的延伸。

2015年底，中国“丝绸之路经济带”与哈萨克斯坦“光明大道”由两国的领导人完成对接。两个计划的融合重点关注三个优先事项：交通基础设施、贸易和制造业。这一有战略意义和高度意识形态化的融合使纳扎尔巴耶夫将哈萨克斯坦定位为在“一带一路”框架内拥有独立决策权的参与者。同时，这样的融合支持了中国官方的话语，即“一带一路”倡议是促进合作的方案，是实现双赢的基础。强化了“一带一路”不是中国的“独奏曲”，而是“参与国的交响乐”的理念。比如，中国网（China.org）将哈萨克斯坦的“光明大道”计划和“一带一路”倡议定义为“互补互促、相辅相成”的计划。所以，哈萨克斯坦是一个有自我意志的独立体，而不是中国新型地缘政治抱负的忠实而处于弱势的从属国。

在话语层面，安全和能源合作不再是中哈关系优先考虑的问题，取而代之的是“多层面的合作”，包括五个领域：加强政策沟通，加强道路基础设施建设并开创新的贸易途径，改善商业环境，加强货币流通和创建新的金融网络，加强人民的友好往来。这将确保公众对“一带一路”倡议的支持。因此，在“一带一路”的话语框架中，中哈能源合作概念逐渐淡出视线。这种新的合作思路很好地契合了纳扎尔巴耶夫政府的话语政治，即有意将能源资源在哈萨克斯坦发展中和外交事务中的作用模糊化。另一方面，“一带一路”也帮助中国修复了在哈萨克斯坦的形象。

除了按照“一带一路”倡议路径重塑与哈萨克斯坦的合作关系外，中国官员在哈萨克斯坦也公开谈论恐华症问题，驳斥了关于中国扩张和资源掠夺的错误观点。例如，时任中国驻哈萨克斯坦大使周力批评道，全球对中国的和平崛起缺乏信心：

> 美国担心中国挑战它的领导地位。印度、东南亚国家等担心中国军力加强增大武力解决领土领海争端的可能性。日本担心安全环境和生存空间受到威胁。俄罗斯、中亚一些国家，甚至在遥远的非洲，时不时也有“中国移民威胁论”或者“资源掠夺论”流传。

周力说，这些担心是毫无根据的。他声称，中国不会对哈萨克斯坦和中亚其他国家构成威胁，中国的崛起不会引发新的冷战。他还强调，中国需要哈萨克斯坦这个发展中国家伙伴的“理解和支持”。他的继任者乐玉成使用了“远亲不如近邻”的谚语来描述中哈关系，意思是两国对彼此具有同等吸引力，因此需要“增进互信”。乐玉成还认为，中国梦符合哈萨克斯坦的发展远景，因此中国正在向“强大而繁荣的国家”转型，这只会给哈萨克斯坦（以及世界上所有其他国家）带来好处。

2013 年 8 月，中国对哈萨克斯坦恐华症的反击登上了主要国家报纸的头条，时任外交部欧洲和中亚事务司司长的张汉晖[1]批评穆拉特·奥佐夫（Murat Auezov）的公开反华言论。奥佐夫是哈萨克斯坦第一任驻华大使，哈萨克斯坦著名汉学家。在接受哈萨克斯坦周报采访时，奥佐夫表示今天中国需要哈萨克斯坦的石油和天然气，而在不久的将来，中国将占领其领土以解决人口过剩问题。奥佐夫还告诉记者，他多次向哈萨克斯坦领导人提出中国扩张和可能侵略的问题，但从未得到适当回应。张汉晖回敬了这位退休外交官的言论，指责他散布有关中国的“虚假信息”。张汉晖指责哈萨克斯坦媒体没有报道“美国威胁”。他还指出，哈萨克斯坦人对中国的兴趣远大于中国人对哈萨克斯坦的兴趣。尽管北约在哈萨克斯坦领土上已经站稳脚跟，而且还在临近中国的边境进行军事演习。

张汉晖 2014 年被任命为驻哈萨克斯坦大使，这表明外交部认可他反对批评中国言论的坚定立场。张汉晖对奥佐夫和其他反对哈萨克斯坦与中国发展关系的人做出了明确、果断而直截了当的回应，凸显了中国对哈萨克斯坦政策的新动向，更宽泛地说，是向更强硬的外交政策的转变。中国官员将中哈关系视为互利和协作的关系，并将“中国恐惧症”看作是共同需要解决的问题。因此，哈萨克斯坦应该像中国一样有兴趣消除“中国恐惧症”，因为哈萨克斯坦需要中国。就是说，中国希望不仅要得到哈萨克

---

① 2014 年，张汉晖成为中国驻哈萨克斯坦大使。2018 年，张汉晖离开哈萨克斯坦，成为外交部部长助理。

斯坦政府的认可和尊重，而且要得到哈萨克斯坦全社会的认可和尊重，使其认可中国是一个颇有价值的合作伙伴。与此同时，中国也意识到其在哈萨克斯坦的“资源掠夺者”形象是一个问题，并寻求重新塑造中哈关系，创立新的话语。

习近平领导的中国与后纳扎尔巴耶夫时代的哈萨克斯坦之间的能源合作

21世纪最初十年中期到第二个十年，在政府的资金和政治的强有力支持下，中国国有石油公司能够与哈萨克斯坦国家石油天然气公司进行有利可图的交易。尽管中国的国有石油公司只能投资于“残余”资产，但到2017年，它们已控股了哈萨克斯坦石油总产量的约24%。他们的投资为纳扎尔巴耶夫政府在全球金融危机后提供了急需的财政资金，但并没有像许多哈萨克斯坦观察家担心的那样将哈萨克斯坦变成中国的“资源殖民地”。尽管权益石油产量增加，管道基础设施建设加快，但中国国有石油公司并未将哈萨克斯坦的大量石油运回本国，所以，区域能源供应模式的活力并未改变。从这个意义上说，中国的国有石油公司在哈萨克斯坦建设“海外大庆”，不是解决中国的“马六甲困境”的举措。

与此同时，尽管中国和哈萨克斯坦之间的能源合作迄今为止是互惠互利的，符合两国的利益，但中国在哈萨克斯坦石油行业的扩张在哈萨克斯坦社会中引发了恐华情绪的反弹。哈萨克斯坦的能源范式中将石油作为全球青睐的商品，并认为会引发安全问题。因此，中国对哈萨克斯坦石油的兴趣被视为对哈萨克斯坦独立和主权的潜在威胁。

把石油资源理解为安全问题，是哈萨克斯坦能源模式屈从于支持纳扎尔巴耶夫政府并提高其合理性言论的结果。哈萨克斯坦公众、对纳扎尔巴耶夫政权的批评人士，以及当地专家认为，中国在哈萨克斯坦石油行业的影响力日益增长，标志着哈萨克斯坦本国软弱无能，无力保护哈萨克斯坦的国家利益。照这样说来，“中国恐惧症”成为石油资源安全化的副产品，因此它不仅给中国国有石油公司带来了风险，也给纳扎尔巴耶夫政权的合理性带来了挑战。为了解决这一矛盾，纳扎尔巴耶夫政府试图将哈萨克斯坦重新定位为一个在中国面前拥有独立决策权的主体，并根据哈萨克斯坦发展规划重新构建中哈关系。根据重新定位的中哈关系，哈萨克斯坦正在摆脱对资源收入的依赖。

中俄关系的不稳定，以及中美之间日益增强的敌意，对规划哈萨克斯坦的未来具有启示意义，也给哈萨克斯坦政权增加了更多压力。中国官员一贯将中哈能源关系视为合作共赢的典范。21世纪第二个十年中期，“上海精神”让位于将中国与哈萨克斯坦关系纳入“一带一路”框架的新叙事。在新的理论框架内，中国仍然将自己定位为哈萨克斯坦的同伴。共享区域历史的思路通过以下方式与市场理性主义的理论关联起来，即强调：几十年的合作建立的声望证明中国是可靠的合作伙伴。与此同时，在 21 世纪第二个十年，中国对新殖民主义的指责非常敏感，并开始使用公共外交手段，反击那些对中哈双赢合作关系的本质持怀疑态度的人。中国代表极力否认中国会利用其国有石油公司在哈萨克斯坦的投资作为地缘政治杠杆的可能性，并拒绝接受新殖民主义的谴责。哈萨克斯坦新任总统卡西姆·若马尔特·托卡耶夫（Kassym-Jomart Tokayev）接管了极其复杂的、极具挑战的任务。随着中国在国际合作和交流中变得越来越自信，托卡耶夫将不得不在哈萨克斯坦资源诅咒式的发展需求和中国崛起现实面前维护本国的地位。

6

结论：石油作为话语研究

本书通过分析中国和两个石油丰富的国家，即哈萨克斯坦和俄罗斯之间双边能源关系的发展演变，讨论了国际能源政治中政治和社会文化背景之间的复杂联系。目的是挑战能源政治的传统设想，特别是增进对中国在全球寻求石油的认识。研究方法是解释石油如何成为一种理念，探讨这一理念如何活跃在国际关系领域。首先，本书试图展现一幅细腻的、充满生机的和多变的国际能源政治斗争的画面，以及中国参与其中的画面。其次，本书证明，主流国际政治理论分析范围过于有限，因此无法解释能源关系的复杂本质。

能源安全与石油话语政治

本书为国际关系领域的能源政治研究提出了有价值的理论和研究方法。中国与俄罗斯和哈萨克斯坦的能源关系同时受到能源政治成全与制约。本书展示的研究中国能源政治重要的建设性研究方法，为理解中国与主要石油出口国的能源关系的发展做出了独特的贡献。

本书的分析证明了通常采用的能源安全概念缺乏说服力。然而，能源政治中的安全和不安全概念与其社会背景相关联。把能源关系的社会合理性作为分析重点，本书就此超越了能源安全的概念，超越了冲突与合作二分法。对立与合作，是两种方法之间的对话所产生的，即现实主义和自由主义倡导的国际关系研究方法。本书的分析侧重于话语及其在构建国家间关系中的作用，提出了建构主义的概念框架，并采用了莱恩·汉森研究提出的后结构主义话语分析方法。话语分析基于人们对各种物质和社会现实的预先了解，以及他们如何表述这些知识，因为其目的是揭示所知现实是如何通过社会互动过程得以构建概念、协调论述和解释本质的。本书收集整理了多种多样的文本，并对文本进行了结构清晰的、系统的、重点突出的互文话语分析，揭示了能源的物质存在，以及文本如何在叙事过程中、在赋予其话语象征符号过程中获取意义。社会环境、主体间意义和身份特征具有解释变量的特征。能源范式的概念将国家能源话语政治与国际关系实践联系起来，形成建构主义，解释出口国和进口国之间关系的理论路线。

尽管能源政治的建构主义和后结构主义分析倾向于关注政策话语，但本书的分析超越了政策话语，展示了文本文件和各种文化文物（如小说作品、流行歌曲歌词、绘画、照片、电影、博物馆展品和建筑），目的是绘制和阐释社会能源话语。本研究是多语言的，主要信息来源于中文和俄语文本文件。本书认真对待语言，探索语言表达社会现实的力量。此外，本书还说明了关于能源开采、生产和消费，以及能源收入再分配的各种对立话语的出现与传播。话语的形成和传播是通过不同形式的视觉艺术、大众娱乐、建筑和城市规划、博物馆、文化空间以及其他社会文化构件和实践实现的。这使本书不仅能够进一步详细解读能源政策制定和外交政策，也能够解读与能源工业扩张和能源出口增加相关的经济、环境、社会和政治影响的重要话语，话语影响了我们社会对能源更宽泛的认识。

中国寻求石油

中国能源范式的核心是发展理念。能源的可获取性，特别是化石燃料的可获取性被视为发展的先决条件。重要的是，中国的能源模式将能源开发定义为每个国家的权利。因此，能源资源的全球配置既不是纯粹的经济问题，也不只是安全问题，而首先是国际政治问题。中国官方能源话语强调当今世界秩序长期以来完全不平等，并以此为出发点，呼吁缩小全球北方和全球南方之间的差距。

以此推论，中国能源安全概念的重点是发展，因此能源安全的定义与21世纪最初十年中期提出的“和谐社会、和谐世界”和“中国和平崛起”的发展概念一脉相承。按照中国新发展理念，中国的能源范式也相应拓宽。如今，能源安全的概念也包括具有可持续意识和环保意识的发展概念。除此之外，能源安全的概念开始国际化。结果是，能源短缺更加政治化。在能源短缺的情况下确保能源安全的前提是：能源资源的配置应受到具有约束力的国际规则和条例的制约。这也就意味着，国际能源关系可以而且应该是一个正和博弈。

然而，在国内层面，中国的官方话语认为，能源短缺与石油供应的可靠性紧密相关，因此石油仍然是一个涉及国家安全的物质。中国将石油短缺视为对其国家发展的威胁，以及会危及安全的漏洞。因此，中国在国内层面的石油战略被定义为寻求“新的大庆”。

总而言之，中国的能源范式分两个方面：虽然在国际层面上，能源短缺现在被政治化；但在国内层面上，它仍然在很大程度上被安全化。中国在国际上积极推动合作开发能源的模式，但并不要求采取紧急或特殊措施，来解决能源短缺问题。然而，在石油方面，中国仍然不急于放弃自力更生，强调相互依赖。

自21世纪初至第二个十年，“双赢”是中国在能源话语中出现频率最高的“合作”的修饰语。中国将与俄罗斯和哈萨克斯坦的关系确定为互利关系、基于共同的发展目标的关系。中国与这些产油国之间相互依存且对等平衡，这种平衡被认为是由市场刺激因素建立并维持的。而市场刺激因素超越了政治和意识形态的差异。通过与俄罗斯和哈萨克斯坦建立合作关系，中国渴望成为两国的战略贸易伙伴和值得信赖的朋友。这两个事实表明，中国决心把能源与安全脱钩，把中国与富油国的能源合作与地缘政治剥离。

与此同时，中国越来越自信，希望实现“中华民族伟大复兴”。习近平确信，到21世纪中叶，中国将“成为综合国力和世界影响力领先的国家”。习近平认为中国为发展中国家提供了发展模式，表明对中国在过去20年取得的成就有足够的自信，对中国发展的优势表现出极大的信心。这种日益增长的信心转化到中国在国际层面的能源政策制定上来。在习近平领导下，我们看到中国不仅要建设“海外大庆”，还要努力成为一个新的世界潮流引领者，成为国际能源政治中的重要参与者。

中国与俄罗斯、哈萨克斯坦的双边能源关系分析，还揭示了能源话语政治影响石油国家外交政策和国际战略。俄罗斯正在恢复实力。而哈萨克斯坦是一个年轻的国家。尽管哈萨克斯坦在国际体系中的地缘政治地位尚不确定，但它完全可以归属为全球南方国家。尽管这两个国家看起来彼此有诸多不同，但它们都是重要的石油净出口国，都拥有富油国的标识。正如分析其能源政治所示，他们都把石油看作是国家发展、国家主权、国家独立和国家实力的根本。与此同时，尽管他们痴迷于石油，但他们并不认为自己是石油国家。俄罗斯和哈萨克斯坦都将他们的能源工业安全化，其能源外交受到占主导地位的“我们”和“他们”二分法的严重影响。

中国是俄罗斯和哈萨克斯坦口中的“他们”。总的来说，俄罗斯和哈萨克斯坦与中国的能源合作同时暴露了两国能源政策范式的矛盾。

总之，研究表明，中国的对外能源战略以及其石油资源丰富的合作伙伴国的能源战略，在很大程度上都依赖了各方的能源政治。因此，与中国建立建设性能源合作关系的国家，无论是俄罗斯、哈萨克斯坦，还是任何其他国家的合作伙伴，不仅必须考虑中国能源工业的物质现实（例如，中国可用的能源资源量、采矿业、精炼能力和储存能力，以及现有和未来的输送路线）和中国能源政策的制度环境（例如中国的法律框架和中国政府能源管理体系），还必须考虑能源在中国的多个象征意义。同样，本书给中国官员的建议是，要特别留意其他国家对中国的看法，并像对待抽油机、管线、油轮、价格表和长期供应链一样，认真对待话语和观念。

不足与后续研究方向建议

本话题后续研究的四个方向为：第一，本研究关注的是人们仍然在研究的石油主题，因此它只从表层提及了与脱碳和能源转型相关的话语。建议开展以再生资源（如生物质、水力、地热、风能和太阳能）为重点的能源话语政治研究，这将为我们了解国际能源政治的现状提供重要而有价值的见解。此外，本研究的分析范围局限于对国家政府层面话语的研究。因此，后续研究应该更仔细地审视国家内部为实体提出的能源话语（从国有石油公司到私营炼油厂的首席执行官），以及各跨国公司的能源话语。

第二，虽然中国与俄罗斯和哈萨克斯坦的能源关系文献为分析中国能源话语政治提供了丰富资源，但是这些案例只能说明一个方面。因此，考察中国在能源相关方面与国际机构合作的近期例子，将帮助我们了解中国能源话语的转变，这种转变能代表中国外交战略的最新转变（例如中国气候变化外交政策），推动总体国际能源政治的重新布局（例如美国退出《巴黎协定》）。

第三，应该研究与政治相关的复杂问题，包括政治合法性和国家形象。本书对俄罗斯能源政治的分析显示，普京政权在国内和国际两个层面上主动将俄罗斯定位为西方的对手，政治话语对这样观点的形成起了至关重要的作用。哈萨克斯坦的案例表明，哈萨克斯坦的能源话语范式从属于支持纳扎尔巴耶夫威权并证明其合理的话语政治。从这个意义上说，对俄罗斯和哈萨克斯坦官方能源政治话语的演变、转变和局限性进行评论，有助于更细致地了解实际行为，理解执政者所确定的国家形象战略。

这项研究项目具有挑战性，但是特别值得去做。笔者获得的经验和新的知识影响了笔者对政治学学科的研究目标和研究方法的看法。笔者想总结一下作为一名政治科学研究人员，在整个研究项目中所获得的主要经验。首先，多样性是美好和令人兴奋的。能源观点的多样性激励了笔者进行这项研究，而且这种多样性成为创造力的重要来源，也是批判性思维中所必需的。我们应该为多样性而欢呼，而不是试图消除差异。在一个遭受多重社会崩溃和政治多极化分裂的世界中，多样性将激励我们寻求妥协与合作的新道路。其次，在不同语言、不同文化和不同国家之间跨越穿插。笔者相信，通过创造、传播、留存、分享和赞美知识，我们会深爱多样性，并帮助其他人确立类似的想法。这是我们学习、教育他人接受和尊重与己不同的政治和社会文化规范的唯一途径。最后，我们确实生活在“我们创造的世界”里，在很大程度上，我们用话语塑造了这个世界。我们必须承认，我们的语言具有政治属性，并承认它有力量塑造我们的生活，塑造他人的生活。笔者希望此研究将激励学者和实操者认真对待话语的力量，并反思所选择使用的语言如何影响研究和实践政治的方式。

REFERENCES

参考文献

Abdirov, M. Z. (2017). Otkrytiye drugoy Ameriki, Kitaya, Rossii i Kazakhstana: Nauchnopopulyarnoye issledovaniye blagonamerennogo avtora [The discovery of another America, China, Russia and Kazakhstan: a popular science study by a well-meaning author]. Astana: Qazaq universiteti.

Abdrakhmanov, A., and Kaukenov, A. (2007). Otnosheniya Kitaya i stran Tsentral'noy Azii glazami kazakhstanskikh ekspertov [Relations between China and Central Asian countries through the eyes of Kazakhstani experts]. Kazakhstan v global'nykh protsessakh, 3, 119.

Adelman, I., and Sunding, D. (1987). Economic policy and income distribution in China. Journal of Comparative Economics, 11(3), 444–461.

Adilov, M. (2006). V politike ne byvayet druzey i vragov, a yest' tol'ko interesy [There is no friends in politics but only interests]. Respublika-Delovoye obozreniye, 3 Nov. Retrieved from https://centrasia.org/newsA.php?st=1162804740. [Accessed 1 June 2018].

Adler, E. (2013). Constructivism in international relations: sources, contributions, and debates. In W. Carlsnaes, T. Risse, and B. A. Simmons (Eds.) Handbook of international relations (pp. 112–144). London: SAGE Publications.

Adler,E.(1997). Seizing the middle ground: constructivism in world politics. European Journal of International Relations, 3(3), 319-363.

Agathangelou, A. M., and Ling, L. H. (2004). The house of IR: from family power politics to the poisies of worldism. International Studies Review, 6(4), 21-49.

Ahmad, M., and Rubab, M. (2015). Great game of great powers in Central Asia: a comparative analysis. Defence Journal, 18(11), 31.

Akorda (2011). Segodnya v Akorde pod predsedatel'stvom Glavy gosudarstva Nursultana Nazarbayeva sostoyalos' soveshchaniye s rukovodstvom Administratsii Prezidenta, Pravitel'stva, partii "Nur Otan" [A meeting with the leadership of the presidential administration, the government, and the Nur Otan Party was held today in Akorda, chaired by the Head of State Nursultan Nazarbayev]. 26 December. Retrieved from http://www.akorda.kz/ru/special/events/segodnya-v-akorde-pod-predsedatelstvom-gl avy-gosudarstva-nursultana-nazarbaeva-sostoyalos-soveshchanie-s-rukovodstvom -administracii-preziden.

[Accessed 1 March 2018].

Akorda (2015). Gosudarstvennaya programma infrastrukturnogo razvitiya «Nұrly zhol» na 2015 – 2019 gody [The state program of infrastructural development "Nurly Jol" for 2015 – 2019]. 6 Apr. Retrieved from: http://www.akorda.kz/ru/official_documents/ strategies_and_programs. [Accessed 26 July 2018].

Alam, M. S., and Paramati, S. R. (2015). Do oil consumption and economic growth intensify environmental degradation? evidence from developing economies. Applied Economics, 47(48), 5186–5203.

Alff, H. (2015). Profiteers or moral entrepreneurs? Bazaars, traders and development discourses in Almaty, Kazakhstan. International Development Planning Review, 37(3), 249–267.

Alon, I., Leung, G. C. K., and Simpson, T. J. (2015). Outward foreign direct investment by Chinese national oil companies. Journal of East-West Business, 21(4), 292–312.

Amrekulov, N. (2006). Damoklov mech kitayskogo drakona [Damocles Sword of the Chinese Dragon]. Svoboda Slova, 8 February.

Anacker, S. (2004). Geographies of power in Nazarbayev's Astana. Eurasian Geography and Economics, 45(7), 515–533.

Andrews-Speed, P. (2012). The governance of energy in China: transition to a low-carbon economy. Basingstoke: Palgrave Macmillan.

Andreyeva, N. (1990). Ostanovit' spolzaniye k katastrofe! K otvetu likvidatorov i mogil'shchikov nashego sotsialisticheskogo Otechestva! [Stop the slipping to the disaster! Call to account the gravediggers of our socialist Motherland!]. In A. Byelicki (Ed.), *Kratkiy Kurs Istorii Perestroyki* [A short history of perestroika] (pp. 66–76). Leningrad: Krasny Octyabr.

Applebaum, A. (2012). *Putinism: the ideology*. The London School of Economics and Political Science. Strategic update 13.2. [PDF file] Retrieved from http://www.lse.ac.uk /ideas/Assets/Documents/updates/LSE-IDEAS-Putinism-The-Ideology.pdf [Accessed 12 Jan. 2017].

Araújo, K. (2014). The emerging field of energy transitions: progress, challenges, and opportunities. Energy Research and Social Science, 1, 112-121.

Arrighi, G. (2007). Adam Smith in Beijing: lineages of the twenty-first century. London; New York: Verso.

Ayubi, N. N. (1996). Over-stating the Arab state: politics and society in the Middle East. New York: IB Tauris.

Azam, M., and Ahmed, A. M. (2015). Role of human capital and foreign direct investment in promoting economic growth: evidence from commonwealth of independent states. International Journal of Social Economics, 42(2), 98–111.

Azattyq (2012). Kitay postroit v Kyrgyzstane neftepererabatyvayushchiy zavod [China will build an oil refinery in Kyrgyzstan]. Radio Azattyk Kyrgyzstan, 6 June. [online] Retrieved from https://rus.azattyk.org/a/24605180.html. [Accessed 26 July 2018].

Baev, P. K. (2008). Russian super-giant in its liar: Gazprom's role in domestic affairs. In S. E. Cornell, and N. Nilsson (Eds.) Europe's energy security: Gazprom's dominance and Caspian supply alternatives (pp. 59-70). Washington, DC; Stockholm: Central Asia–Caucasus Institute, Silk Road Studies Programme.

Baev, P. K. (2012). From European to Eurasian energy security: Russia needs and energy perestroika. *Journal of Eurasian Studies* 3, 177–184.

Balzacq, T. (2010). Understanding securitisation theory: how security problems emerge and dissolve. London; New York: Routledge.

Bartke, W. (1977). Oil in the People's Republic of China: industry structure, production, exports. London: C. Hurst.

Basen, J., and Khafizova, K. (2007). Kazakhstan i Kitay v XXI veke: strategiya sosedstva/ ZH. Basen// Ekonomicheskiye strategii Tsentral'naya Aziya [Kazakhstan and China in the 21st century: neighborhood strategy]. Ekonomicheskiye strategii Tsentral'naya Aziya, 1(2), 15–17. Retreived from http://www.inesnet.ru/article/ kazaxstan-i-kitaj-vxxi-veke-strategiya-sosedstva/. [12 June 2018].

Bassin, M. (1991). Russia between Europe and Asia: the ideological construction of geographical space. *Slavic Review*, 50(1), 1–17.

Batsiyev, D., and Omelchenko, A. (2013). Murat Auezov: Kitaytsy v Kazakhstane prisutstvuyut v gorazdo bol'shey stepeni, chem ob etom govoritsya [Murat Auezov: the Chinese in Kazakhstan are present to a much greater extent than is stated]. Megapolis .kz, 7 Aug. Retreived from http://shymkent.kz/print.php?id=40293. [Accessed 11 June 2018].

Bazilian, M., Nakhooda, S., and van de Graaf, T. (2014). Energy governance and poverty. Energy Research and Social Science, 1, 217-225.

Beissinger, M., and Young, M. C. (2002). Beyond state crisis? Post-colonial Africa and post-soviet Eurasia in comparative perspective. Washington, DC: Woodrow Wilson Center Press.

Bilgin, M. (2011). Energy security and Russia's gas strategy: the symbiotic relationship between the state and firms. Communist and Post-Communist Studies, 44(2), 119-127.

Bisenbayev, A. K. (2011). Ne vmeste: Rossiya i strany Tsentral'noy Azii [Not together: Russia and the countries of Central Asia]. St. Petersburg: Izdatel'skiy dom Piter.

Bosse, G., and Schmidt-Felzmann, A. (2011). The geopolitics of energy supply in the "Wider Europe." Geopolitics, 16(3), 479–485.

Bouzarovski, S., and Bassin, M. (2011). Energy and identity: imagining Russia as a hydrocarbon superpower. Annals of the Association of American Geographers, 101(4), 783–794.

Bouzarovski, S., and Bassin, M. (2011). Energy and identity: imagining Russia as a hydrocarbon superpower. *Annals of the Association of American Geographers*, 101(4), 783–794.

BP, British Petroleum (2017). BP energy charting tool. Retrieved 23 May 2018 from http:// tools. bp.com/energy-charting-tool.

Bridge, G., and Le Billon, P. (2012). Oil. Cambridge: Polity Press.

Brubaker, R., and Cooper, F. (2000). Beyond "identity." Theory and Society, 29(1), 1–47.

Burchett, W. (1974). Chinese tap taching potential. Far Eastern Economic Review, 14(1), 45–46.

Burdin, V. (2013). "Auezov svalilsya s luny." Interv'yu s Chzhanom Khan'khueyem ["Auezov fell from the moon" interview with Zhang Hanhui]. Vremya, 23 Aug. Retreived from http:// www.time.kz/articles/zloba/2013/08/28/auezov-svalilsja-s-luni. [Accessed 27 July 2018].

Buzan, B., Wæver , O., and de Wilde, J. (1998). Security: a new framework for analysis. London; Boulder: Lynne Rienner.

Bykov, D. (2006). *ZhD* [The railway]. Moscow: Vagrius.

Campion, A. S. (2016). The geopolitics of red oil: constructing the China threat through energy security. London: Routledge.

Casier, T. (2011). Russia's energy leverage over the EU: myth or reality? Perspectives on European Politics and Society, 12(4), 493–508.

Casier, T. (2013). The EU–Russia strategic partnership: challenging the normative argument. Europe-Asia Studies, 65(7), 1377–1395.

Central Committee of the CPC (2003). Zhonggong Zhongyang guanyu wanshan shehui zhuyi shichang jingji tizhi ruogan wenti de jueding (quanwen) [Resolution of the 54 Central Committee of the CPC on some issues of improving the socialist market economy system (full text)]. People's Network. Retrieved 18 Nov. 2017 from http:// cpc.people.com.cn/GB/64162/64168/64569/65411/4429165.html.

Chatterjee, P. (2005). Empire and nation revisited: 50 Years after Bandung. *Inter-Asia Cultural Studies*, 6 (4), 487–496.

Chatterjee, P. (2012). *The black hole of empire: history of a global practice of power*. Princeton, NJ: Princeton University Press.

Chen, S. (2011). Has China's foreign energy quest enhanced its energy security? The China Quarterly, 207(3), 600–625.

Cheng, C-Y. (1976). China's petroleum industry: output growth and export potential. Westport: Praeger Publisher.

Cherdayev, R. (2012). Neft' Kazakhstana. Vekovaya Istoriya [Oil of Kazakhstan. The century old history]. Astana: Aldongar. China.org. (2017). Kazakhstan: "Bright Road" initiative.

Cherp, A., Jewell, J., and Goldthau, A. (2011). Governing global energy: systems, transitions, complexity. Global Policy, 2(1), 75–88.

Chester, L. (2010). Conceptualising energy security and making explicit its polysemic nature. Energy Policy, 38(2), 887–895.

China Internet Information Center (2012). Li Peng: Zhongguo de nengyuan zhengce [Li Peng: China's energy policy]. Retrieved 19 Nov. 2017 from http://www.china.com.cn/guoqing/2012-09/10/content_26748235.htm.

China.org.cn. 20 Apr. Retrieved from http://www.china.org.cn/english/china_key_words/2017-04/20/content_40657154 .htm. [Accessed 26 July 2018].

China-the-new-normal.pdf.

Chizhova, Ye. (2017). *Kitaist* [Sinologist]. Moscow: AST.

Claude, I. (1964). Swords into plowshares: the problems and progress of international organization (3rd ed). New York: Random House.

Clunan, A. L. (2009). *The social construction of Russia's resurgence: aspirations, identity, and security interests*. Baltimore: Johns Hopkins University Press.

CNPC, China National Petroleum Corporation (2017). History of Daqing oilfield. Retrieved 18 Nov. 2017 from http://dqyt.cnpc.com.cn/dqen/HoDO/dqen_common.shtml.

Curanović, A. (2012). Why don't Russians fear the Chinese? The Chinese factor in the self-identification process of Russia. *Nationalities Papers*, 40(2), 221–239.

Currier, C. L., and Dorraj M. (2011). China's energy relations with the developing world. London: The Continuum International Publishing Group.

Dai, H., Masuib, T., Matsuokac, Y., and Fujimor, S. (2012). The impacts of China's household consumption expenditure patterns on energy demand and carbon emissions towards 2050. Energy Policy, 50(1), 336–350.

Dai, H., Masuib, T., Matsuokac, Y., and Fujimor, S. (2012). The impacts of China's household consumption expenditure patterns on energy demand and carbon emissions towards 2050. Energy Policy, 50(1), 336–350.

Datsyshen, V. G. (2014). *Istoriya rossiysko-kitayskikh otnosheniy v kontse 19–nachale 20* a) *vv.* [The history of Russian-Chinese relations in the late 19th and early 20th centuries]. Moscow: Directmedia.

Dave, B. (2007). Kazakhstan: ethnicity, language and power. New York: Routledge.

DeBardeleben, J. (2012). Applying constructivism to understanding EU–Russian relations. International Politics, 49(4), 418–433. Discursive politics of energy 21.

Denisov, A. I. (2014a). Interv'yu agentstvu "Interfaks," 17 noyabrya 2014 goda [Interview for interfax news agency, 17 Nov. 2014]. Ministery of Foreign Affairs of the RF. 18 Nov. Retrieved from http://www.mid.ru/ru/maps/cn/-/asset_publisher/ WhKWb5DVBqKA/ content/id/790826. [Accessed 3 Sept. 2018].

Denisov, A. I. (2014b). Interv'yu informagentstvu TASS, 1 oktyabrya 2014 goda [Interview for TASS news agency, 1 October 2014]. Ministery of Foreign Affairs of the RF. 2 Oct. Retrieved from http://www.mid.ru/nb_NO/publikacii/-/asset_publisher / n1zOQTrıCFd0/content/ id/668403. [Accessed 3 Sept. 2018]. Denisov, A. I. (2016). Interv'yu Posla Rossii v KNR A. I. Denisova informagentstvam «Rossiya segodnya» i TASS [Interview of the Ambassador of Russia in the PRC A. I. Denisov to the news agencies, Russia Today and TASS]. June 21.

Denisov, A., and Grivach, A. (2008). Uspekhi i neudachi "energeticheskoy sverkhderzhavy" [The gains and failures of the energy superpower]. June 15. Retrieved from http://www .globalaffairs.ru/number/n_10633. [Accessed 10 Nov. 2017].

Der Derian, J. (2009). Critical practices in international theory: selected essays. London; New York: Routledge.

Der Derian, J., and Shapiro, M. (1989). International/intertextual relations: postmodern readings of world politics. Lexington: Lexington Books.

Dikötter, F. (2011). Mao's great famine: the history of China's most devastating catastrophe, 1958–1962. New York: Walker and Co.

Dixon, S. (2008). *Organisational transformation in the Russian oil industry.* Cheltenham: Edward Elgar Publishing.

Doty, R. L. (1993). Foreign policy as social construction: a post-positivist analysis of US counterinsurgency policy in the Philippines. International Studies Quarterly, 37(3), 297–320.

Downie, C. (2015). Global energy governance in the G-20: states, coalitions, and crises. Global Governance: A Review of Multilateralism and International Organizations, 21(3), 475–492.

Downs, E. (2006). The energy security series: China, the brookings foreign policy studies. Washington, DC: Brookings Institution Press.

Downs, E. (2007). China's quest for overseas oil. Far Eastern Economic Review, 170(7), 52–56.

Doyle, M. (1997). Ways of war and peace. New York: W. W. Norton.

Du, K., and Lin, B. (2015). Understanding the rapid growth of China's energy consumption: a comprehensive decomposition framework. Energy, 90(1), 570–577.

Dynkin, A., and Pantin, V. (2012). A peaceful clash: the US and China: which model holds out promise for the future? *World Futures*, 68(7), 506–517.

Eder, L., Andrews-Speed, P., and Korzhubaev, A. (2009). Russia's evolving energy policy for its eastern regions, and implications for oil and gas cooperation between Russia and China. *Journal of World Energy Law & Business*, 2(3), 219–242.

EIA, Energy Information Administration (2017). Kazakhstan. Retrieved from https://www .eia. gov/beta/international/ analysis.php?iso=KAZ. [Accessed 27 June 2016].

Energy Information Administration [EIA] (2015). China. International energy data and analysis [PDF file] Retrieved 27 June 2016 from https://www.eia.gov/beta/international/analysis_includes/countries_long/China/china.pdf.

Eurasian Development Bank (2017) EAEU and Eurasia: monitoring and analysis of direct investments. [PDF file] Retreived from https://eabr.org/upload/iblock/3f8/EDB-Centre_2017_Report-47_FDI-Eurasia_ENG_1.pdf. [Accessed 17 March 2018].

Evstafiev, D. (2014). Strategiya Neudobnogo Partnerstva [The strategy of uncomfortable partnership]. *Russia in Global Affairs*. March 10. Retrieved from http://www.globalaffairs.ru/global-processes/Strategiya-neudobnogo-partnerstva-16470. [Accessed 10 Nov. 2017].

Feng, L., Hu, Y., Hall, C. A., and Wang, J. (2012). The Chinese oil industry: history and future. Berlin: Springer Science & Business Media.

Feng, Z., Zou, L., and Wei, M. (2011). The impact of household consumption on energy use and CO2 emissions in China. Energy, 36(1), 656–670.

Feng, Z., Zou, L., and Wei, M. (2011). The impact of household consumption on energy use and CO2 emissions in China. Energy, 36(1), 656–670.

Ferdinand, P. (2007). Russia and China: converging responses to globalization. *International Affairs*, 83(4), 655–680.

Ferdinand, P. (2016). Westward ho – the China dream and "one belt, one road": Chinese foreign policy under Xi Jinping. International Affairs, 92(4), 941–957.

Fish, M. S. (2005). *Democracy derailed in Russia: the failure of open politics*. New York: Cambridge University Press.

Florini, A., and Sovacool, B. K. (2009). Who governs energy? The challenges facing global energy governance. Energy Policy, 37(12), 5239–5248.

Forbes.kz (2013). Dolya kitayskikh kompaniy v kazakhstanskoy neftyanoy otrasli v 2013 godu prevysit 40%, soobshchil istochnik v neftegazovoy otrasli [The share of Chinese companies in the Kazakh oil industry in 2013 will exceed 40%, a source in the oil and gas industry said]. 8 January. Retrieved from https://forbes.kz/process/ economy/ka zahstanskuyu_neft_budet_kontrolirovat_kitay. [Accessed 11 May 2018].

Franke, A., Gawrich, A., and Alakbarov, G. (2009). Kazakhstan and Azerbaijan as post-Soviet rentier states: resource incomes and autocracy as a double "curse" in post-Soviet regimes. Europe-Asia Studies, 61(1), 109–140.

Freeland, C. (2000). *Sale of the century: Russia's wild ride from communism to capitalism*. New York: Crown Business.

Fu, F., Ma, L., Li, Z., and Polenske, K.R. (2014). The implications of China's investment driven economy on its energy consumption and carbon emissions. Energy Conversion Management, 85, 573–580.

Fu, Y. (2010). Take China as your partner. Speech at the diner of world policy conference. Marrakech, 16 Oct. MFA of the PRC. Retrieved 16 Sept. 2017 from https://www.fmp rc.gov.cn/mfa_eng/wjdt_665385/zyjh_665391/t762307.shtml.

Gaddy, C. G., and Ickes, B. (2013). *Bear traps on Russia's road to modernization*. New York: Routledge.

Gaddy, C. G., and Ickes, B. W. (2010). Russia after the global financial crisis. *Eurasian Geography and Economics*, 51(3), 281–311.

Garver, J. W. (1998). Sino-Russian relations. In S. Kim (Eds.) *China and the world: Chinese foreign policy faces the new millennium* (pp. 114–132). New York: Routledge.

Ge, W. (2006). Zhongguo shidai zhengzhi sixiang shi [History of Chinese political thought]. Tianjin: Nankai University.

General Prosecutor's Office of RK (2012). Zayavleniye General'nogo Prokurora Respubliki Kazakhstan po sobytiyam, imevshim mesto v g. Zhanaozen 16.12.2011 goda [Statement by the General Prosecutor of the Republic of Kazakhstan on the events that took place in Zhanaozen on 16 December 2011]. 25 January. Retrieved from http://prokuror.gov. kz/rus/novosti/press-releasy/zayavlenie-generalnogo-prokurora-respubliki-kazahstan po-sobytiyam-imevshim. [Accessed 1 March 2018].

Germanovich, G. (2008). The Shanghai cooperation organization: a threat to American interests in Central Asia? China & Eurasia Forum Quarterly, 6(1), 19–38.

Gerth, K. (2010). As China goes, so goes the world: how Chinese consumers are transforming everything. New York: Hill and Wang.

Ghosh, A. (2011). Seeking coherence in complexity? the governance of energy by trade and investment institutions. Global Policy, 2(1), 106–119.

Gill, B. (2020). China's global influence: post-COVID prospects for soft power. The Washington Quarterly, 43(2), 97–115.

Goldman, M. (2008). Petrostate. Oxford: Oxford University Press.

Goldthau, A., and Witte, J. M. (2010). The role of rules and institutions in global energy: an introduction. Berlin: Global Public Policy Institute.

Golovanov, V. (2014). *Kaspiyskaya kniga. Priglasheniye k puteshestviyu*. [The Caspian book. A travel invitation.] Moscow: Novoye Literaturnoye Obozreniye.

Greff, G. (2016). *Russia and the world: Russia and the world: looking into the future*. Presentation at the 7th Gaidar forum, Moscow, Russia. Jan. 14.

Grek, Yu. (2015). Itogi i zadachi povorota Rossii na Vostok. [Results and goals of Russia's "turn to the East"]. *Questions of Social Sciences: Sociology, Political Science, Philosophy, and History*, 9(49), 5–9.

Gustafson, T. (2012). *Wheel of fortune*. Cambridge, MA: Harvard University Press.

Guzzini, S. (2011). Securitization as a causal mechanism. Security Dialogue, 42(4), 329–341.

Halperin, S., and Heath, O. (2012). Political research: methods and practical skills. Oxford: Oxford University Press.

Hancock, K. J., and Vivoda, V. (2014). Energy research and social science. Middle East, 18(92), 98.

Hansen, L. (2006). Security as practice: discourse analysis and the Bosnian War. London:

Routledge.

Hansen, L. (2006). Security as practice: discourse analysis and the Bosnian war. London: Routledge.

Harrison, S. S. (1975). China: the next oil giant. Foreign Policy, 20, 3–27.

Harvey, D. (2005). A brief history of neoliberalism. New York: Oxford University Press. What do you imagine when you think about oil?

He, K., Huo, H., Zhang, Q., He, D., An, F., Wang, M., and Walsh, M. P. (2005). Oil consumption and CO2 emissions in China's road transport: current status, future trends, and policy implications. Energy Policy, 33(12), 1499–1507.

Heinberg, R. (2003). The Party's over: oil, war and the fate of industrial. Gabriola Island: New Society Publishers.

Hollis, M., and Smith, S. (1990). Explaining and understanding international relations. Oxford: Clarendon Press.

Holzscheiter, A. (2014). Between communicative interaction and structures of signification: discourse theory and analysis in international relations. International Studies Perspectives, 15(2), 142–162.

Hopf, T. (1998). The promise of constructivism in international relations theory. International Security, 23(1), 171–200.

Houser, T. (2008). The roots of Chinese oil investment abroad. Asia Policy, 5, 141–166.

Hu, J. (2005). Build towards a harmonious world of lasting peace and common prosperity. speech at the UN summit. New York, 15 Sept. Permanent Mission of the PRC to the UN. Retrieved 20 Sept. 2017 from http://www.china-un.org/eng/zt/shnh60/t212915.htm.

Hu, J. (2006a). Jianchi heping fazhan, cujin gongtong fanrong. Zai Yatai Jinghe Zuzhi Gongshang Lingdao ren Fenghui shang de yangjiang [Adhere to peaceful development and promote common prosperity. Speech at the APEC CEO Summit]. 17 Nov.

Hu, J. (2006b). Baoguo Jituan Tong Fazhanzhong Guojia Lingdao ren duihua huiyi bing fabiao [Meeting of the leaders of the G8 and developing countries]. 17 July.

Hu, J. (2007). Hold high the great banner of socialism with Chinese characteristics and strive for new victories in building a moderately prosperous society in all respects. Report at the 17-th National Congress of the Communist Party of China. 15 Oct. Renmin Ribao. Retrieved 20 Sept. 2017 from http://en.people.cn/90001/90776/90785/6290120.html.

Hu, J. (2008). Zai jingji daguo nengyuan anquan he qihou bianhua lingdao ren huiyi shang de jianghua [Speech at the major economies meeting on energy security and climate change]. 9 July, Hokkaido, Japan. Ministry of Foreign Affairs of the PRC. Retrieved 19 Sept. 2017 from https://www.fmprc.gov.cn/123/wjdt/zyjh/t473333.htm.

Hu, J. (2012). Firmly march on the path of socialism with Chinese characteristics and strive to complete the building of a moderately prosperous society in all respects. Report at the 18-th National Congress of the Communist Party of China, 27 Nov.

Hu, J. (2012a). Most cherez tri okeana. Interv'yu "Rossiyskoy gazete" [A bridge across three oceans. Interview with "Rossiyskaya Gazeta"]. *Rossiyskaya Gazeta – Stolichnyy Vypusk*, 5740(67). 28 March. Retrieved from https://rg.ru/2012/03/28/knr.html. [Accessed 7 Sept. 2018].

Hu, J. (2012b). Razvivat' sotrudnichestvo i partnerstvo. Interv'yu "Rossiyskoy gazete" [Develop cooperation and partnership. Interview with "Rossiyskaya Gazeta"]. *Rossiyskaya Gazeta – Stolichnyy Vypusk*, 5800 (127). 6 June. Retrieved from https://rg .ru/2012/06/05/czintao.html. [Accessed 7 Sept. 2018].

Huangpu, P., and Wang, J. (2015). Ruhe zou hao yidai yilu jiaoxiangyue [How to play the belt and road symphony]. *Liao Wang /Outlook Weekly*, 24 March. Retrieved from http:/ /www. ciis.org.cn/chinese/2015-03/24/content_7772711.htm. [Accessed 26 July 2018].

Huntington, S. P. (1996). *The clash of civilizations and the remaking of world order*. New York: Simon & Schuster.

Huo, M., Yang, R., and Xu, H. (2013). Zhong-Ha nengyuan hezuo huli shuangying zhanlue lun xi [An analysis of China-Kazakhstan energy cooperation and mutual benefit win-win strategy]. Handan zhiye jishu xueyuan xuebeo, 26(3), 15–18.

Inozemtsev, V. (2015). Vybor Rossii: energeticheskaya sverkhderzhava ili strana-luzer [Russia's choice: an energy superpower or a looser-state]. July 2. Retrieved from Slon .ru: https://slon. ru/posts/53541. [Accessed 5 Oct. 2017].

Isaacs, R. (2010). "Papa"–Nursultan Nazarbayev and the discourse of charismatic leadership and nation - building in post - Soviet Kazakhstan. Studies in Ethnicity and Nationalism, 10(3), 435–452.

IWEP ACSS, Institute World Economics and Politics Chinese Academy of Social Sciences (2016). World energy China outlook, 2015–2016 [Shijie Nengyuan Zhongguo Zhanwang, 2015–2016]. Beijing: Social Sciences Literature Publishing House.

Jackson, P. T. (2016). The conduct of inquiry in international relations: philosophy of science and its implications for the study of world politics. London; New York: Routledge.

Jacques, M. (2009). When China rules the world: the rise of the middle kingdom and the end of the western world. London: Penguin Books.

Jacques, M. (2009). When China rules the world: the rise of the middle kingdom and the end of the western world. New York: Allen Lane.

Jessa, P. (2006). Aq Jol soul healers: religious pluralism and a contemporary muslim movement in Kazakhstan. Central Asian Survey, 25(3), 359–371.

Jiang, J., and Sinton, J. (2011). Overseas investments by Chinese national oil companies: a) assessing the drivers and impacts. IEA Energy Papers. 1 Feb. 2011.

Jiang, Z. (2008). Dui Zhongguo nengyuan wenti de sikao [Reflections of energy issues in China]. Shanghai Jiaotong Daxue Xuebao, 42(3), 345–359.

Kalinin, I. (2015). Petropoetics: the oil text in post-Soviet Russia. In *Russian literature since 1991* (pp. 120–145). Cambridge: Cambridge University Press.

Kalyuzhnova, Y., and Patterson, K. (2016). Kazakhstan: long-term economic growth and the role of the oil sector. Comparative Economic Studies, 58(1), 93–118.

Kapitsa M. S. (1979). KNR: Tri desyatiletiya – tri politiki [The PRC: three decades and three policies]. Moscow: Politizdat.

Karaganov, S. 2016. From East to West, or Greater Eurasia. *Russia in Global Affairs*. October 25. http://eng.globalaffairs.ru/pubcol/From-East-to-West-or-Greater-Eurasia -18440.

Karyenov, R. S. (2014). Toplivno-energeticheskiy kompleks kak vazhnyy komponent ekonomiki Respubliki Kazakhstan [Fuel and energy complex as an important component of the economy of the Republic of Kazakhstan]. Problemy Prava i Ekonomiki, 4, 19–30.

Kaukenov, A. (2013). Vnutrenniye protivorechiya Shankhayskoy organizatsii sotrudnichestva [Internal contradictions of the Shanghai Cooperation Organization]. Tsentral'naya Aziya i Kavkaz, 16(2), 73–89.

KazakhstanToday (2006). Deputaty parlamenta vyrazili ozabochennost' uvelicheniyem doli inostrannogo uchastiya v neftegazovom sektore Kazakhstana [MPs expressed concern over the increase in the share of foreign participation in the oil and gas sector of Kazakhstan]. 1 November. Retrieved from http://www.kt.kz/rus/economy/deputati_pa rlamenta_virazili_ozabochennostj_uvelicheniem_doli_inostrannogo_uchastija_v_neft egazovom_sektore_kazahstana_1153402827.html [Accessed 12 August 2018].

KCP LLP, Kazakhstan-China Pipeline LLP (2018). About the company. Retrieved from http://www.kcp.kz/company/about. [Accessed 26 July 2018].

Keohane, R. (1978). The international energy agency: state influence and transgovernmental politics. International Organization, 32(4), 929–951.

Khalid, A. (2014). Islam after communism: religion and politics in Central Asia. Berkley and Los Angeles, CA: University of California Press.

Khazin, V. (2017). *Truba i drugie labirinty* [The pipe and other labyrinths]. Moscow: LitRes.

Khramchikhin, A. A. (2013). *Drakon Prosnulsya? Vnutrenniye Problemy Kitaya kak istochnik kitayskoy ugrozy Rossii* [Is the dragon awake? China's internal problems as a source of Chinese threat to Russia.]. Moscow: Klyuch-S.

Khristenko, V. (2006a). *Doveriye k Rossii* [Trust in Russia]. July 11.

Khristenko, V. (2006b). *Energeticheskaya Strategiya: Proryv na Vostok* [Energy strategy: a breakthrough to the East]. Feb. 2.

Kingsbury, B., and Robert, A. (1993). United Nations, divided world: the UN's roles in international relations (2nd ed.). Oxford: Clarendon Press; New York: Oxford University Press.

Kirton, J., and Kokotsis, E. (2015). The global governance of climate change: G7, G20, and UN leadership. London; New York: Routledge.

Klare, M. T. (2008). Rising powers, shrinking planet: how scarce energy is creating a new world order. New York: Metropolitan Books.

Klinghoffer, A. J. (1976). Sino-Soviet relations and the politics of oil. Asian Survey, 16(6), 540–552.

Koch, N. (2010). The monumental and the miniature: imagining "Modernity" in Astana. Social & Cultural Geography, 11(8), 769–787.

Koch, N. (2013). Kazakhstan's changing geopolitics: the resource economy and popular attitudes about China's growing regional influence. Eurasian Geography and Economics, 54(1), 110–133.

Kol'ev, A. (1995). *Myatezh Nomenklatury: Moskva 1990–1993* [The revolt of the nomenclature: Moscow, 1990–1993]. Moscow: Saveliev.

Konstantinov, A. (2006). *Korumpirovannaya Rossiya* [Corrupt Russia]. Moscow: OLMA-Press.

Kratochvíl, P., and Tichý, L. (2013). EU and Russian discourse on energy relations. Energy Policy, 56, 391–406.

Kristeva, J. (1986). The Kristeva reader. New York: Columbia University Press.

Kropatcheva, E. (2014). He who has the pipeline calls the tune? Russia's energy power against the background of the shale "revolutions." Energy Policy, 66, 1–10.

Kudaibergenova, D. T. (2015). The ideology of development and legitimation: beyond "Kazakhstan 2030." Central Asian Survey, 34(4), 440–455.

Kudaibergenova, D. T. (2016). The use and abuse of postcolonial discourses in post-independent Kazakhstan. Europe-Asia Studies, 68(5), 917–935.

Kudrin, A. (2015). *Stenogramma: Otkrytaya beseda Aleksandra Mamuta i Alekseya Kudrina* [Transcript: an open discussion between Alexander Mamut and Alexei Kudrin]. 9 Sept. Retrieved from http://strelka.com/ru/magazine/2015/09/09/discussion -mamut-kudrin. [Accessed 10 Nov. 2017].

Kuhn, T. S. (2012). The structure of scientific revolutions. Chicago: University of Chicago Press.

Kulachenkov, A. (2015). *Natsional'noye dostoyaniye v opasnosti* [The national treasure at risk]. August 20. Retrieved from https://fbk.info/investigations/post/89/. [Accessed 17 Nov. 2017].

Kulpin, E. S. (1975). Tekhniko-Ekonomicheskaya Politika Rukovodstva KNR i Rabochiy Klass Kitaya [Technical and economic policy of the PRC's leaders and China's working class]. Moscow: Nauka.

Kupchan, Ch. A., and Kupchan, C. A. (1995). The promise of collective security. International Security, 20(1), 52–61.

Kurmanov, A. (2011). Zhanaozen – proobraz budushchikh sobytiy v Rossii [Zhanaozen: a prototype of future events in Russia]. Vzglyad-Info. 21 Dec. Retrieved from http://www .vzsar.ru/special/2011/12/21/aynur_kurmanov__zhanaozen__-__proobraz_buduschih _ sobytiy_v_rossii.html. [Accessed 4 March 2018].

Kuteleva, A. (2020). Discursive politics of energy in EU–Russia relations: Russia as an "energy superpower" and a "raw-material appendage." Problems of Post-Communism, 67(1), 78–92.

Kuteleva, A. (2020). Discursive politics of energy in EU–Russia relations: Russia as an "Energy Superpower" and a "Raw-Material Appendage". *Problems of Post-Communism*, 67(1), 78–92.

Kuteleva, A., and Leifso, J. (2020). Contested crude: multiscalar identities, conflicting discourses, and narratives of oil production in Canada. Energy Research & Social Science, 70, 101672.

Kuteleva, A., and Vasiliev, D. (2020). China's belt and road initiative in Russian media: politics of narratives, images, and metaphors. Eurasian Geography and Economics, 1–25.

Kuyan, M. (2016). Resursnoye proklyatiye Rossii: Mif ili real'nost'? [Resource curse of Russia: myth or reality?] *Bulletin of Omsk University. Historical Sciences*, 1 (9), 140–143.

Lang, Y., and Wang, L. (2007). Eluosi nengyuan di yuan zhengzhi zhanlüe ji Zhong-E nengyuan hezuo qianjing [Russia's energy geopolitical strategy and prospects of sino-Russian energy cooperation]. *Ziyuan kexue*, 29(5), 201–206.

Lanham: Rowman and Littlefield Publishers.

Larin, A. G. (2009). *Kitayskiye migranty v Rossii. Istoriya i sovremennost'* [Chinese migrants in Russia: history and modernity]. Moscow: Vostochnaya Kniga.

Laruelle, M. (2007). *La quête d'une identité impériale: le néo-eurasisme dans la Russie contemporaine*. Paris: Editions Pétra.

Laruelle, M. (2014). The three discursive paradigms of state identity in Kazakhstan. In M. Omelicheva (Eds.), Nationalism and identity construction in Central Asia: dimensions, dynamics, and directions (pp. 1–20). Lexington: Lexington Book.

Laruelle, M., and Peyrouse, S. (2010). L'Asie Centrale à l'aune de la mondialisation: une approche géoéconomique. Paris: Armand Colin.

Laruelle, M., and Peyrouse, S. (2012). The Chinese question in Central Asia: domestic order, social change, and the Chinese factor. New York: Columbia University Press.

Latinina, Yu. (2014a). Za "vygodnyy" kontrakt s Kitayem pridetsya yeshche i priplachivat' [For the "profitable" contract with China we will have to pay extra]. *Russkiy Dom*. Retrieved from http://russiahousenews.info/economics-news/yuliya-latinina-kontrakt -kitay. [Accessed 2 Oct. 2018].

Latinina, Yu. (2014b). Kak zastrelit'sya iz gazovoy truby [How to shoot yourself from a gas pipe]. *Novaya Gazeta*, 23 May. Retrieved from https://www.novayagazeta.ru/articles/2014/05/21/59655-kak-zastrelitsya-iz-gazovoy-truby. [Accessed 2 Oct. 2018].

Lavrov, S. (2006). Pod"yem Azii i vostochnyy vektor vneshney politiki Rossii [The rise: a) of Asia, and the eastern vector of Russia's foreign policy.] *Russia in Global Affairs*, b) 4(3), 68–80. Lavrov, S. (2007a). Nastoiashchee i budushchee global'noi Politiki [The present and the; c) future of global politics]. *Rossiya v Global'noy Politike*. Retrieved from http://www; d) .globalaffairs.ru/number/n_8385. [Accessed 23 Sept. 2018].

Lavrov, S. (2007b). Sderzhivanie Rossii: nazad v budushchee? [Containing Russia: back to the future?]. *Rossiya v Global'noy Politike*. Retrieved from http://www.globalaffairs. ru/number/n_9236. [Accessed 23 Sept. 2018].

Lavrov, S. (2012). *Vystuplenie v khode vstrechi s predstaviteliami Assotsiatsii evropeiskogo biznesa v Rossiiskoi Federatsii* [Speech at the meeting with representatives of the association of European businesses in the Russian federation]. Oct. 8.

Lavrov, S. (2013). State of the Union Russia–EU: prospects for partnership in the changing world. *JCMS: Journal of Common Market Studies*, 51(S1), 6–12.

Le, Y. (2013a). Iskrennost' otnosheniy: blizhayshiy sosed luchshe dal'nego rodstvennika [Sincerity of relationship: the nearest neighbor is better than a distant relative]. Embassy of the PRC in the RK. 2 Dec. Retrieved from http://kz.china-embassy.org/rus/sgxx/sgdt/t1104694.htm. [Accessed 15 Aug. 2018].

Le, Y. (2013b). Interv'yu gazete Novoye Pokoleniye [Interview to the Novoye Pokoleniye newspaper]. Embassy of the PRC in the RK. 1 November. Retrieved http://kz.china -embassy.org/rus/sgxx/sgdt/t1095107.htm. [Accessed 15 August 2018].

Le, Y. (2013c). Iskrennost' otnosheniy: Blizhayshiy sosed luchshe dal'nego rodstvennika [Sincerity of relationship: the nearest neighbor is better than a distant relative]. Embassy of the PRC in the RK. 2 Dec. Retrieved from http://kz.china-embassy.org/rus/sgxx/sgdt/t1104694.htm. [Accessed 15 Aug. 2018].

Leung, G. C. K. (2010). China's oil use, 1990–2008. Energy Policy, 38(2), 932–944.

Leung, G. C. K. (2010). China's oil use, 1990–2008. Energy Policy, 38(2), 932–944. Li, JX. (2012). Daqing jingshen zou chuqu zhi gouxiang [The concept of Daqing spirit going out]. Xueshu jiaoliu, 5(10), 52–54.

Levada Center (2016). *Obshchestvennoye mneniye-2016* [Public Oppinion-2016]. Moscow: Levada Center. Retrieved from https://www.levada.ru/cp/wp-content/uplo ads/2017/02/OM-

2016.pdf. [Accessed 12 June 2016].

Levada Center (2017). *Obshchestvennoye mneniye-2017* [Public oppinion-2017]. Moscow: Levada Center. Retrieved from https://www.levada.ru/cp/wp-content/uploads/2018/05/ OM-2017.pdf. [Accessed 12 June 2016].

Lewis, D. (2016). Blogging Zhanaozen: hegemonic discourse and authoritarian resilience in Kazakhstan. Central Asian Survey, 35(3), 421–438.

Li, H. (2012a). Interv'yu nakanune ofitsial'nogo vizita Vitse-prem'yera Gossoveta KNR Li Ke Tsyana v RF [Interview the day before the official visit of Vice-Premier Li Keqiang to the Russian Federation]. *Embassy of the PRC in the RF*. 26 Apr. Retrieved from http: //ru.china-embassy.org/rus/sghd/t926347.htm. [Accessed 9 Aug. 2018].

Li, H. (2012b). Interv'yu rossiyskim i kitayskim SMI [Interview to Russian and Chinese media]. *Embassy of the PRC in the RF*. 30 Nov. Retrieved from http://ru.china-embassy .org/rus/sghd/t994261.htm. [Accessed 9 Aug. 2018].

Li, H. (2016a). Eluosi guoji wen chuan dianxun she caifang [Interview with interfax]. a) *Ministery of Foreign Affairs of PRC*. 20 Dec. Retrieved from https://www.fmprc.gov; b) .cn/web/dszlsjt_673036/t1425689.shtml. [Accessed 9 Aug. 2018].

Li, H. (2016b). Miqie Zhong-E zhanlue xiezuo, zaofu liang guo he liang guo renmin–zai: a) Eluosi Guoli Guanli Daxue Yanjiang. [Close Sino-Russian strategic cooperation for; b) the benefit of the two countries and the two peoples – speech at the Russian national management university]. *Ministery of Foreign Affairs of PRC*. 15 June. Retrieved from https://www.fmprc.gov.cn/web/dszlsjt_673036/t1372384.shtml. [Accessed 9 Aug. 2018].

Li, J. J. (2014). Zhong-E zhanlue xiezuo he Zhong-Mei-E "sanjiao guanxi" [Sino-Russian strategic cooperation and China-US-Russia "triangular relationship"]. *Eluosi Dong-Ou Zhongya yanjiu*, 4, 7.

Li, J. M. (2012). Xin Pujing shidai de jiben zhengce zouxiang [Policy directions of the new Putin era.]. *Zhongguo dang zheng ganbu lun tan*, 7, 49–52.

Li, K. (2012). Zai Zhong-Ou gaoceng nengyuan huiyi bimu shi shang de zhici [Speech at the closing ceremony of the China-EU energy conference]. MFA of the PRC, 3 April. Retrieved 21 Sept. 2017 from https://www.fmprc.gov.cn/ce/cgosaka/chn/zgxw/t9291 47.htm.

Li, Y. (2013). Zuxiang quanmian zhanlue hezuo de Zhong-E guanxi [Sino-Russian relations towards comprehensive strategic cooperation]. *Dongbei Ya luntan*, 4, 3–9.

Li, Z. H. (2009). Zhang-E nengyuan hezuo: cong shanchong shuifu dao jianru jiajing [Sino-Russian energy cooperation: from challenges to a gradual improvement]. *Lingdao zhi you*, 1, 51–53.

Li, Z. X. (2015). Building the maritime silk road of the 21st century with open mind and bold courage. China.org.cn. 9 Feb. Retrieved from http://www.china.org.cn/world/ 2015-02/09/content_34774918.htm. [Accessed 26 July 2018].

Lim, T. (2010). Oil in China: from self-reliance to internationalization. Singapore: World Scientific.

Lin, B., and Xie, C. (2013). Estimation on oil demand and oil saving potential of China's road transport sector. Energy Policy, 61, 472–482.

Little, R. (2007). The balance of power in international relations: metaphors, myths and models. Cambridge; New York: Cambridge University Press.

Liu, G. (2005). Interv'yu "Nezavisimoy gazete" [Interview with Nezavisimaya Gazeta]. *Renmin Ribao*. 22 June. Retrieved from http://russian.people.com.cn/31519/2589533 .html. [Accessed 9 Aug. 2018].

Liu, G. (2007). Eksklyuzivnoye interv'yu gazete Zhen'min' zhibao on-layn [An exclusive: a) interview with the people's daily on-line]. Renmin Ribao. Retrieved from http://russian.; b) people.com.cn/31857/92877/6328528.html. [Accessed 9 Aug. 2018].

Liu, G. (2008). *O Vneshney Politike Kitaya i Kitaysko-Rossiyskikh Otnosheniyakh* [On China's foreign policy and Chinese-Russian relations]. St. Petersburg: St. Petersburg University Publishing. [PDF file] Retrieved from http://www.lihachev.ru/pic/site/files/ Dip_Programma/030_luguchan.pdf. [Accessed 9 Aug. 2018].

Liu, H., Guo, J., Dong, Q., and Xi, Y. (2009). Comprehensive evaluation of household indirect energy consumption and impacts of alternative energy policies in China by input-output analysis. Energy Policy, 37(8), 3194–3204.

Liu, H., Guo, J., Dong, Q., and Xi, Y. (2009). Comprehensive evaluation of household indirect energy consumption and impacts of alternative energy policies in China by input–output analysis. Energy Policy, 37(8), 3194–3204.

Liu, T. (2012a). Jianding bu yi de zou nengyuan kexue fazhan zhi lu [Unswervingly follow the path of energy science development]. Remin Ribao, 24 Sept.

Liu, T. (2012b). Nengyuan fazhan mianlin xin tiaozhan [The new challenges of energy development]. Zhongxiao qiye guanli yu keji (Zhongxun kan), 10, 22–24.

Liu, T. (2012c). Xin xingshi xia Zhongguo nengyuan fazhan de zhanlüe sikao [Strategic thinking on China's energy development under the new situation]. Qiu shi, 13, 33–35.

Locher, B., and Prügl, E. (2001). Feminism and constructivism: worlds apart or sharing the middle ground? International Studies Quarterly, 45(1), 111–129.

Loring, B. (2014). "Colonizers with Party Cards": soviet internal colonialism in Central Asia, 1917–39. Kritika: Explorations in Russian and Eurasian History, 15(1), 77–102.

Lukin, A. (2019). Russian–Chinese cooperation in Central Asia and the idea of greater Eurasia. *India Quarterly*, 75(1), 1–14.

Lukin, A. V. (2007). Shankhayskaya organizatsiya sotrudnichestva: chto dal'she? [Shanghai cooperation organization: what is next?]. Rossiya v Global'noy Politike, 5(3), 78–93. Retrieved from https://www.globalaffairs.ru/number/n_8818. [Accessed 2 April 2018].

Lukin, A. V. (2009). Rossiysko-kitayskiye otnosheniya: ne oslablyat' usiliy [Russian-Chinese relations: do not relax efforts]. *Mezhdunarodnaya zhizn'*, 11, 89–105.

Lukyanov, F. (2016). Umnyy daunshifting: kak Rossii dognat' promyshlennuyu revolyutsiyu [Smart downshifting: how can Russia catch up with the industrial revolution]. 1 March. Retrieved from http://www.forbes.ru/mneniya/mir/313863-umnyi-daunshifting-kak-ro ssii-dognat-promyshlennuyu-revolyutsiyu. [Accessed 2 April 2017].

Luzyanin, S. G., and Semonova, N. K. (2016). Rossiya-Kitay-Tsentral'naya Aziya: transportnyye i energeticheskiye interesy [Russia-China-Central Asia: transport and energy interests]. *Nauchno-analiticheskiy zhurnal Obozrevatel'*, 2, 56–66.

Ma, F. (2008). Bijiao wenhua yujing zhong de Zhong-E guanxi [Sino-Russian relations in a comparative cultural context]. *Waijiao Pinglun: Waijiao Xueyuan Xuebao*, 2, 32–41.

Ma, H., Oxley L., and Gibson J. (2009). Substitution possibilities and determinants of energy intensity for China. Energy Policy, 37(5), 1793–1804.

MacFarquhar, R., and Fairbank, J. (1991). The Cambridge history of China: revolutions within the Chinese revolution. Cambridge: Cambridge University Press.

Malinova, O. (2012). Russia and "the West" in the 2000s: redefining Russian identity in official political discourse. In R. Taras (Ed.) *Russia's identity in international relations: images, perceptions, misperceptions* (pp. 73–91). London: Routledge.

Mankoff, J. (2009). Russian foreign policy: the return of great power politics.

Manners, I. (2002). Normative power Europe: a contradiction in terms? *JCMS: Journal of Common Market Studies*, 40(2), 235–258.

March, J. G., and Olsen, J. P. (1989). Rediscovering institutions: the organizational basis of politics. New York: Free Press; London: Collier Macmillan.

March, J. G., and Olsen, J. P. (2006). The logic of appropriateness. In M. Moran, M. Rein, R. Goodin (Eds.) The Oxford handbook of public policy (pp. 689–708). Oxford: Oxford University Press.

March, J. G., and Olsen, J. P. (2009). The logic of appropriateness. ARENA Working Paper 04. Retrieved from https://www.sv.uio.no/arena/english/research/publications/ arena-publications/workingpapers/working-papers2004/wp04_9.pdf/.

Marks, R. (2012). China: its environment and history. Lanham, MD: Rowman and Littlefield.

Mau, V. (2008). Logika rossiyskoy modernizatsii: Istoricheskiye trendy i sovremennyye vyzovy [The logic of Russia's modernization: historical trends and modern challenges]. In L. Borodkin et al (Eds.), *Ekonomicheskaya istoriya: Yezhegodnik 2008* [Economic history yearbook 2008] (pp. 359–420). Moscow: Institut Rossiyskoy Istorii RAN.

McKenna, B. (2004). Critical discourse studies: where to from here? Critical Discourse Studies, 1(1), 9–39.

Medvedev, D. (2009) *Rossiya, vperod!* [Go, Russia!]. 10 Sept. 2010.

Medvedev, D. (2010a) *Interv'yu datskoy radioveshchatel'noy korporatsii* [Interview to Danish broadcasting corporation]. 26 April.

Medvedev, D. (2010b) *Press-konferentsiya po itogam vstrechi na vysshem urovne Rossiya-Yevropeyskiy soyuz* [Press statements following EU-Russia summit]. 7 Dec.

Meidan, M., Sen, A., and Campbell, R. (2015). China: the "new normal." The Oxford Institute of Energy Studies. [PDF file] Retrieved 12 June 2016 from https://www.oxf ordenergy.org/wpcms/wp-content/uploads/2015/02/China-the-new-normal.pdf.

Meidan, M., Sen, A., and Campbell, R. (2015). China: the "new normal." The Oxford Institute of Energy Studies. [PDF file] Retrieved 12 June 2016 from https://www.oxfordenergy.org/wpcms/wp-content/uploads/2015/02/

Mezhuyev, B. (2010). Perspektivy politicheskoy modernizatsii Rossii [Prospects for Russia's political modernization]. *Polis: Political Studies*, 6, 6–22.

MFA of the PRC, Ministery of Foreign Affairs of the People's Republic of China (2014). Xi Jinping huijian Eluosi zongtong Pujing [Xi Jinping meets with Russian president Putin]. 9 Nov. Retrieved from https://www.fmprc.gov.cn/ce/cenp/chn/zgwj/t1208880 .htm. [Accessed 7 Nov. 2017].

MFA of the PRC, Ministery of Foreign Affairs of the PRC (2005). Waijiao Bu fayan ren Qin

Gang zai li xing jizhe hui shang da jizhe wen [Foreign Ministry Spokesperson Qin Gang's remarks at the regular press conference]. 8 Sept. 2005. Retrieved from https://www.fmprc.gov. cn/web/gjhdq_676201/gj_676203/yz_676205/1206_677148/ fyrygth_677156/t210899.shtml. [Accessed 12 Aug. 2018].

MFA of the PRC, Ministry of Foreign Affairs of the People's Republic of China (2010). Foreign ministry holds briefing on premier Wen Jiabao's official visit to Russia and Tajikistan and attendance at the 15th regular meeting between Chinese and Russian Prime Ministers and the 9th Prime Ministers' meeting of the SCO member countries. 11 Nov. Retrieved from https://www.fmprc.gov.cn/mfa_eng/ topics_665678/wenjiabaozo nglifangwenelshetjkst_665774/t770940.shtml. [Accessed 25 Aug. 2018].

MFA of the PRC, Ministry of Foreign Affairs of the People's Republic of China (2014a). Wang Yi: Zhengque yi li guan shi Zhongguo waijiao de yimian qizhi [Wang Yi: the correct view of justice and benefit is a banner of Chinese diplomacy]. 11 Jan. Retrieved 28 Oct. 2017 from https://www.fmprc.gov.cn/web/zyxw/t1117851.shtml.

MFA of the PRC, Ministry of Foreign Affairs of the People's Republic of China (2014b). Waijiao bu buzhang Wang Yi jiu Zhongguo waijiao zhengce he duiwai guanxi huida Zhong-Wai jizhe tiwen [Foreign Minister Wang Yi answers questions from Chinese and foreign journalists on China's foreign policy and foreign relations]. 8 March. Retrieved 27 Oct. 2017 from https://www.fmprc.gov.cn/chn//pds/wjb/wjbz/xghd/t1135388.shtml.

Ministry of Energy of the Russian Federation (2009). Energy strategy of Russia for the period until 2030. Adopted by the Decision of the Government of Russian Federation No. 1715-r, dated 13 Nov.

Ministry of Energy of the Russian Federation (2015). Energy strategy of Russia for the period until 2035. Revisions, dated 24 June. Ministry of Fuel and Energy of the Russian Federation (2003). Energy strategy of Russia for the period until 2020. Adopted by the ddecision of the government of Russian Federation No. 1234-r, dated 28 Aug.

Ministry of National Economy of the RK (2017). Committee on statistics. Retrieved from http://stat.gov.kz. [Accessed 11 May 2018].

Mitchell, T. (2011). Carbon democracy: political power in the age of oil. London; New York: Verso Books.

Moench, R. U. (1988). Oil, ideology and state autonomy in Egypt. Arab Studies Quarterly, 10(2), 176–192.

Moravcsik, A. (1997). Taking preferences seriously: a liberal theory of international politics. International Organization, 51(4), 513–553.

Morozov, V. (2015). *Russia's postcolonial identity: a subaltern empire in a eurocentric world*. London: Palgrave Macmillan.

Morzabayeva, Zh. (2006). Kazakhstanu grozit "kitaizatsiya"? 40% kazakhstanskoy nefti kontroliruyut kitaytsy [Is Kazakhstan threatened with "Chinazation"? 40% of Kazakh oil is controlled by the Chinese]. Respublika-Delovoye Obozreniye. 3 November. Retrieved from https://centrasia.org/newsA.php?st=1162796820. [Accessed 11 May].

Moscow House of Photography (2008). *Russian dreams*. Press release. 27 Nov. Retrieved from http://www.russiandreams.info. [Accessed 3 March 2017].

Mukhin, A. 2006. *Kremlevskiye vertikaly: Neftegazovyy control* [The Kremlin verticals: oil and gas control]. Moscow: Tsentr Politicheskoy Informatsii.

Nazarbayev, N. (2005). Kazakhstan na puti uskorennoy ekonomicheskoy, sotsial'noy i politicheskoy modernizatsii. Poslaniye narodu Kazakhstana. Fevral' 2005 [Kazakhstan on the way of accelerated economic, social and political modernization. Address to the people of Kazakhstan. Feb. 2005]. Retrieved from http://www.akorda.kz/ru/addresses/ addresses_ of_president/poslanie-prezidenta-respubliki-kazahstan-na-nazarbaeva-na rodu-kazahstana-fevral-2005-g. [Accessed 4 Apr. 2018].

Nazarbayev, N. (2006). Kazakhstanskiy put' [Kazakhstan's path]. Astana: Zhibek zholy.

Nazarbayev, N. (2009). Pyatyy put' [The firth way]. Izvestiya, 22 Sept. Retrieved from http: // personal.akorda.kz/ru/category/stati/pyatyi-put.

Nazarbayev, N. (2010a). V serdtse Yevrazii [At the heart of Eurasia]. Almaty: Zhibek zholy.

Nazarbayev, N. (2010b). Strategiya radikal'nogo obnovleniya global'nogo soobshchestva i partnerstvo tsivilizatsiy [Radical renewal of global society and partnership of civilizations]. Astana: Zhibek zholy.

Nazarbayev, N. (2010c). Novoye desyatiletiye – Novyy ekonomicheskiy pod"yem – Novyye vozmozhnosti Kazakhstana. Poslaniye narodu Kazakhstana. Yanvar' 2010. [New decade – new economic growth –new opportunities of Kazakhstan. Strategy "Kazakhstan-2050." Address to the people of Kazakhstan. Jan. 2010]. Retrieved http: //www.akorda.kz/ ru/addresses/addresses_of_president/poslanie-prezidenta-respubli ki-kazakhstan-n-a-nazarbaeva-narodu-kazakhstana-29-yanvarya-2010-goda_13406 24693. [Accessed 4 Apr. 2018].

Nazarbayev, N. (2011a). Interv'yu informatsionnym agentstvam RIA Novosti i Interfaks [Interview to RIA Novosti and interfax news agencies]. 19 November. Retrieved from http:// www.akorda.kz/ru/speeches/external_political_affairs/ext_interviews/intervyu-p rezidenta-kazahstana-nanazarbaeva-informacionnym-agentstvam-ria-novosti-i-interf aks. [Accessed 27 March 2018].

Nazarbayev, N. (2011b). Postroim budushcheye vmeste! Poslaniye narodu Kazakhstana. Yanvar' 2010. [Let's build the future together! Address to the people of Kazakhstan. Jan. 2011]. Retrieved from http://www.akorda.kz/ru/addresses/addresses_of_ presi dent/poslanie-prezidenta-respubliki-kazakhstan-n-a-nazarbaeva-narodu-kazakhstana -28-01-2011-g_1340624589-. [Accessed 4 Apr. 2018].

Nazarbayev, N. (2012). Strategiya "Kazakhstan-2050." Poslaniye narodu Kazakhstana. Dekabr' 2012 [Strategy "Kazakhstan-2050." Address to the people of Kazakhstan. Dec. 2012]. Retrieved from http://www.akorda.kz/ru/events/astana_kazakhstan/ participation_ in_events/ poslanie-prezidenta-respubliki-kazahstan-lidera-nacii-nursul tana-nazarbaeva-narodu-kazahstana-strategiya-kazahstan-2050-novyi-politicheskii-. [Accessed 4 Apr. 2018].

Nazarbayev, N. (2013). Protsvetaniye, bezopasnost' i uluchsheniye blagosostoyaniya vsekh Kazakhstantsev. [Prosperity, security, and welfare of all Kazakhs. The President's message to the people of Kazakhstan]. Official Site of the President of the Republic of Kazakhstan. Retrieved from http://www.akorda.kz/ru/page/kazakhstan-2030_13366 50228.

Nazarbayev, N. (2017). Era Nezavisimosti [The era of independence]. Astana: QAZaqparat. Nurmaganbyetov, K. R. (2011). Osnovnyye napravleniya provedeniya forsirovannoy industrial'no-innovatsionnoy politiki v Kazakhstane [The main directions of the forced industrial innovation policy in Kazakhstan]. Organizator proizvodstva, 48(1), 1–5.

NBSC, National Bureau of Statistics of China (2017). Annual data, 2000–2017. Retrieved 17 Dec. 2017 from http://www.stats.gov.cn/english/Statisticaldata/AnnualData/.

NEORUS (2013). *National survey 2013*. University of Oslo, Retrieved from http://www .hf.uio. no/ilos/english/research/projects/neoruss/national-survey-2013.xls. [Accessed 11 Nov. 2017].

Novak, A. (2013a). Prioritety rossiyskoy energeticheskoy politiki [Priorities of Russian: a) energy politics"]. Presentation at brookings, USA, 6 Dec.

Novak, A. (2013b). Interv'yu gazete RBK [Interview to the RBC daily]. Dec. 24.

Novak, A. (2014a). *Interv'yu gazete Rossiyskaya Gazeta* [Interview to the Russian Gazeta]. 26 May.

Novak, A. (2014b). Razvitiye mirovoy energetiki i geopolitika. 10-ya plenarnaya sessia 21-go: a) Vsemirnogo Neftyanogo Kongressa, Moskva [Development of global energy sector and; b) geopolitics. Presentation at the 21st world petroleum congress, Moscow]. 19 June.

Novak, A. (2015a). Energetika Yevrazii: put' v budushcheye. Presentation in Berlin. [Eurasian energy sector: the way to the future]. 13 Apr.

Novak, A. (2015b). Interv'yu Vesti Economica: importozavisimost' ot gaza v Yevrope rastet [Interview to the Vesti Economics: Europe's import dependency on gas is increasing]. 15 Apr.

Novak, A. (2015c). Interv'yu nemetskoy Gazete Handlsblatt [Interview to the German].

Nyman, J. (2018). The energy security paradox: rethinking energy (in) security in the United States and China. Oxford: Oxford University Press.

Nyman, J., and Zeng, J. (2016). Securitization in Chinese climate and energy politics. Wiley Interdisciplinary Reviews: Climate Change, 7(2), 301–313.

OICA, Organisation Internationale des Constructeurs d'Automobiles (2017). Production Statistics. Retrieved 17 Dec. 2017 from http://www.oica.net/category/production-stati stics/2017-statistics/.

Omarov, A. (2017). Ruslan IZIMOV: Dlya nas rost voyennoy moshchi Kitaya ne neset pryamykh ugroz [Ruslan Izimov: for us, the growth of China's military power does not bear direct threats]. Karavan. 4 Apr. Retrieved from https://www.caravan.kz/gazeta/ ruslan-izimov-dlya-nas-rost-voennojj-moshhi-kitaya-ne-neset-pryamykh-ugroz-39299 1/ [Accessed 7 May 2018].

Omelicheva, M. Y. (2013). Central Asian conceptions of "democracy": ideological resistance to international democratization, 81-104. In Vanderhill, R. and Aleprete, M. (eds) The international dimensions of authoritarian persistence in the former Soviet Union. Lanham: Lexington Books.

Omelicheva, M. Y. (2015). Democracy in Central Asia: competing perspectives and alternative strategies. Lexington: University Press of Kentucky.

Omelicheva, M. Y. (2016). Authoritarian legitimation: assessing discourses of legitimacy in Kazakhstan and Uzbekistan. Central Asian Survey, 35(4), 481–500.

Ondash, A. O. (2012). Kontseptsiya "Proklyatiya prirodnykh resursov" i perspektivy ekonomicheskogo razvitiya Respubliki Kazakhstan [The concept of "natural resource curse" and the prospects for the economic development of the Republic of Kazakhstan]. Mezhdunarodnyy zhurnal eksperimental'nogo obrazovaniya, 12(1), 58–62.

Ondash, A. O. (2013). Aktual'nyye problemy diversifikatsii natsional'noy ekonomiki i kontseptsiya resursnogo proklyatiya (na materialakh Respubliki Kazakhstan) [Challenges of diversification of the national economy and the concept of resource curse (on the materials of the Republic of Kazakhstan)]. Aktual'ni problemy ekonomiky, 7, 405–411.

Oneal, J. R., and Russett, B. (1997). The classical liberals were right: democracy, interdependence, and conflict, 1950–1985. International Studies Quarterly, 41(2), 267–294.

Onuf, N. (1989). World of our making: rules and rule in social theory and international relations. Columbia, SC: University of South Carolina Press.

Orban, A. (2008). Power, energy, and the new Russian imperialism. Connecticut; London: Westport.

Orttung, R. W. (2009). Energy and state-society relations: socio-political aspects of Russia's energy wealth. In J. Perovic, R. W. Orttung, and A. Wenger (Eds.), *Russian energy power and foreign relations: implications for conflict and cooperation* (pp. 51– 71). London: Routledge.

Orttung, R. W., and Overland, I. (2011). A limited toolbox: explaining the constraints on Russia's foreign energy policy. *Journal of Eurasian Studies*, 2 (1), 274–285.

Orttung, R. W., and Overland, I. (2011). A limited toolbox: explaining the constraints on Russia's foreign energy policy. Journal of Eurasian Studies, 2(1), 74–85.

Ostrowski, W. (2009). The legacy of the "coloured revolutions": the case of Kazakhstan. Journal of Communist Studies and Transition Politics, 25(2–3), 347–368.

Ostrowski, W. (2010). Politics and oil in Kazakhstan. London: Routledge.

Ostrowski, W. (2011). Rentierism, dependency and sovereignty in Central Asia. Edinburgh: Edinburgh University Press.

Owen, J. (1994). How liberalism produces democratic peace. International Security 19(2), 87–125.

Pan, H., Shen, Q., and Zhang, M. (2009). Influence of urban form on travel behaviour in four neighbourhoods of Shanghai. Urban Studies, 46(2), 275–294.

Pan, X., Wang, L., Dai, J., Zhang, Q., Peng, T., and Chen, W. (2020). Analysis of China's oil and gas consumption under different scenarios toward 2050: an integrated modeling. Energy, 195, 116991.

Panyushkin, V., and Mikhail, Z. (2008). *Gazprom: novoye russkoye oruzhiye* [Gazprom: New Russian Weapon]. Moscow: Zakharov.

Park, C. H., and Cohen, J. A. (1975). The politics of China's oil weapon. Foreign Policy, 20, 28–49.

Pelevin, V. (2003). *Svyashchennaya Kniga Oborotnya* [The sacred book of the werewolf]. Moscow: Eksmo.

Pelevin, V. (2006). *Empire "V."* Moscow: Eksmo.

Pestsov, S. K. (2015). Vneshnepoliticheskiy povorot Rossii: kuda vedot novaya doroga? [Russia's foreign policy turn: where does the new road lead?] In *Vostochnyy vektor rossiyskoy politiki i yego politicheskoye i ekonomicheskiye posledstviya: materials of the round table* [Eastern vector of Russian politics and its political and economic consequences: the round table proceedings] (pp. 9–14).

Pew Research Center (2015). Car, bike or motorcycle? [PDF file] Retrieved 17 Dec. 2017 from http://assets.pewresearch.org/wp-content/uploads/sites/2/2015/04/Transportation-Topline.pdf.

Peyrouse, S. (2012). The Kazakh neopatrimonial regime: balancing uncertainties among the "family," oligarchs and technocrats. Demokratizatsiya, 20(4), 345.

Peyrouse, S. (2016). Discussing China: Sinophilia and Sinophobia in Central Asia. Journal of Eurasian Studies, 7(1), 14–23.

Phillips, A. (2013). A dangerous synergy: energy securitization, great power rivalry and strategic stability in the Asian century. The Pacific Review, 26(1), 17–38.

Popova, O. (2015). Politicheskiye aspekty "resursnogo proklyatiya" [Political aspects a) of the "resource curse"]. Bulletin of St. Petersburg university. *Political Science and International Relations*, 6(2), 26–28.

Portyakov, V. Ya. (2013). Rossiysko-kitayskiye otnosheniya: sovremennoye sostoyaniye i perspektivy razvitiya [Sino-Russian relations: current state and development prospects]. *China in the World and Regional Politics. Past and Present*, 18(18), 6–15.

Price, R., and Reus-Smit, C. (1998). Dangerous liaisons? Critical international theory and constructivism. European Journal of International Relations, 4(3), 259–294.

Putin, V. (2005a). *Sovmestnaia press-konferentsiia po itogam peregovorov s Prem'erministrom Bel'gii Gi Verkhofstadtom* [Joint press conference following talks with the Prime Minister of Belgium, Guy Verhofstadt]. Oct. 3.

Putin, V. (2005b). Vstupitel'noe slovo na zasedanii Soveta Bezopasnosti po voprosu o roli Rossii v obespechenii mezhdunarodnoi energeticheskoi bezopasnosti [Opening remark at the security council of the Russian Federation on the role of Russia in international energy security]. 22 Dec.

Putin, V. (2006a). Sovmestnaia press-konferentsiia s Federal'nym kantslerom FRG Angeloi Merkel' [Press conference following talks with the federal chancellor of Germany, Angela Merkel]. Moscow, 16 Jan.

Putin, V. (2006b). Press-konferentsiia po itogam vstrechi glav gosudarstv i pravitel'stv "Gruppy vos'mi," [Press conference following the working meeting of the heads of state and government of the G8 members]. St. Petersburg: Strelna, 17 July.

Putin, V. (2006c). Stenograficheskii otchet o vstreche s uchastnikami tret'ego zasedaniia Mezhdunarodnogo diskussionnogo kluba "Valdai" [Transcript of meeting with participants in the third meeting of the valdai discussion club]. *Novo-Ogarevo*, 9 Sept.

Putin, V. (2006d). *Stenograficheskii otchet o vstreche s predstaviteliami delovykh krugov Bavarii* [Speech at the meeting with representatives of the business circles of Bavaria]. Oct. 11.

Putin, V. (2007). Presentation and discussion at the Munich conference on security policy, Feb. 10.

Putin, V. (2010). Rech' i otvety na voprosy na IV yezhegodnom ekonomicheskom Forume rukovoditeley i top-menedzherov vedushchikh germanskikh kompaniy [Speech and answers to questions at the IV annual econmic forum of CEOs and top managers of leading German Companies]. Nov. 10.

Putin, V. (2012). Rossiya sosredotachivayetsya – vyzovy, na kotoryye my dolzhny otvetit' [Russia muscles up: the challenges that we have to answer]. *Izvestia*, 16 Jan. Retrieved from http://izvestia.ru/news/511884. [Accessed 12 June 2016].

Putin, V. (2013a). Press-konferentsiia po itogam rabochego zasedaniia glav gosudarstv i pravitel'stv stran-uchastnits Foruma stran-eksportorov gaza [News conference following the working meeting of the gas exporting countries forum]. 1 July. Putin, V. (2013b). Poslanie Prezidenta Federal'nomu Sobraniiu [Presidential Address to a) the Federal Assembly]. Dec. 12.

Putin, V. (2014). Otvety na voprosy zhurnalistov po itogam vizita v Kitay [Answers to journalists' questions following a visit to China]. May 14, Shanghai.

Qian, T. (2013). Xi Jinping zai zhoubian waijiao gongzuo zuotanhui shang fabiao zhongyao jianghua [Xi Jinping delivering an important speech at the conference of diplomatic work toward surrounding countries]. Renmin ribao, 26 Oct. Retrieved 27 Sept. 2017 from http:// cpc.people.com.cn/n/2013/1026/c64094-23333683.html.

Ren, X. (2009). Dianying "Tie Ren" guan hou gan [The feelings after watching "Iron Man" movie]. 18 August People's Daily Overseas Edition. Retrieved 20 Oct. 2017 from http: // look.people.com.cn/GB/158820/9882250.html.

Renmin Ribao (1963). Di Er Jie Quanguo Renmin Daibiao Dahui di si ci Huiyi Xiwen Gongbao [Press release of the 4th session of the 2nd National People's Congress]. 4 Dec. 1963. Retrieved 14 Nov. 2017 from http://www.people.com.cn/zgrdxw/zlk/rd/2 jie/newfiles/d1060. html.

Renmin Ribao (1967). Rang Su xiu zai Daqing hongqi mianqian fadou ba! [Let the Soviet Revisionists tremble in the face of Daqing!], 11 April 1967. Retrieved 14 Nov. 2017 from http://data.people.com.cn/rmrb/20181023/1?code=2.

Renmin Ribao (2009). "Tieren": "Chong su" yi ge Wang Jinxi? ["Iron men": "Transformation" of Wang Jinxi?]. 29 Apr. 2009. Retrieved 11 Nov. 2017 from http:// paper.people.com.cn/ rmrbhwb/html/2009-05/29/content_263191.htm.

Renmin Ribao Tuwen Shujuku, 1946–2018 [People's daily database, 1946–2018]. Retrieved 14 Nov. 2017 from http://data.people.com.cn/rmrb/20181023/1?code=2.

Roland, G. (2006). The Russian economy in the year 2005. *Post-Soviet Affairs*, 22(1), 90–98.

Ross, M. (2001). Does oil hinder democracy? *World Politics*, 53(3), 325–361.

Ross, M. (2001). Does oil hinder democracy? World Politics, 53(3), 325–361.

Ross, M. (2012). *The oil curse: how petroleum wealth shapes the development of nations.* Princeton, NJ: Princeton University Press.

Ross, M. (2012). The oil curse: how petroleum wealth shapes the development of nations. Princeton, NJ: Princeton University Press.

Rumer, B. (2011). Kazakhstan s kitayskoy spetsifikoy? [Kazakhstan with Chinese characteristics?]. Exclusive. 7 November. Retrieved from http://www.exclusive.kz/ votum_ separatum/boris-rumer/7134/. [Accessed 4 March 2018].

Rutland, P. (2008). Russia as an energy superpower. *New Political Economy*, 13(2), 203–210. -Rutland, P. (2015). Petronation? Oil, gas, and national identity in Russia. *Post-Soviet Affairs*, 31(1), 66–89.

Sadovskaya, Y. (2015). The mythology of Chinese migration in Kazakhstan. Central Asia Caucasus Analyst, Retrieved from http://www.cacianalyst.org/publications/field-repo rts/ item/13112-the-mythology-of-chinese-migration-in-kazakhstan.html. [Accessed 10 March 2021].

Sakwa, R. (2014). *Putin and the oligarchs: the Khodorkovsky–Yukos affair*. New York: a) I.B. Tauris.

Salmon, P. (2011). Repression intensifies against Kazakh oil workers' uprising. Debatte: Journal of Contemporary Central and Eastern Europe, 19(1–2), 507–510.

Salmon, P. (2012). Police massacre has opened a dark chapter for Kazakh workers' movement.

Debatte: Journal of Contemporary Central and Eastern Europe, 20(1), 73–77.

Savvidi, S. M., and Voloshin, A. I. (2016). Pereoriyentatsiya Rossii na Vostok: problemy i riski [Russia's reorientation to the East: problems and risks]. *Ekonomika: teoriya i praktika*, 1, 23–26.

Schleifer, A., and Treisman, D. (2005). A normal country: Russia after communism. *Journal of Economic Perspectives*, 19(1), 151–174.

Shmatko, S., (2008). Svet v okne i gaz za oknom [Light in the window and gas outside the window]. Interview to Rassiyshaya Gazeta. 25 Dec.

Schatz, E. (2005). Reconceptualizing clans: kinship networks and statehood in Kazakhstan. Nationalities Papers, 33(2), 231–254.

Schatz, E. (2010). Reconceptualizing clans: kinship networks and statehood in Kazakhstan. Nationalities Papers, 33(2), 321–254.

Schumacher, E. F. (1982). Schumacher on energy: speeches and writings of E. F. Schumacher. London: Jonathan Cape.

Shiva, V. (2008). Soil not oil: climate change, peak oil and food insecurity. London: Zed Books.

Shmatko, S. (2009). Interv'yu Corriere della Sera [Interview to Corriere della Sera]. a) 24 May.

Shmatko, S. (2010). Vstupitel'noye slovo na Yubileynoy konferentsii Energodialoga Rossii-EU g. Bryussel' [Opening address at the jubilee conference of the Russia-EU, Brussels]. 22 Nov.

Shulman, E. (2010). Solomennyi samolet [Straw Plane]. 22 Jan. Retrieved from http://users.livejournal.com/-niece/126963.html?page=3.

Sidaway, J. D., and Woon, C. Y. (2017). Chinese narratives on "One Belt, One Road" in geopolitical and imperial contexts. The Professional Geographer, 69(4), 591–603.

Simonov, K. V. (2006). *Energeticheskaya Sverkhderzhava* [Energy superpower]. Moscow: Algorythm.

Simonov, K. V. (2007). *Global'naya Energeticheskaya Voina* [The global energy war]. Moscow: Algorythm.

Sixsmith, M. (2010). *Putin's oil: the Yukos affair and the struggle for Russia*. New York: Bloomsbury Publishing.

Smil, V. (2004). China's past, China's future. New York: Routledge.

Smith, M. J. (1992). Liberalism and international reform. In T. Nardin and D. Mapel (Eds.) Traditions of international ethics (pp. 201–224). Cambridge: Cambridge University Press.

Snyder, J. (2004). One world, rival theories. Foreign Policy, 145, 52–62.

Song, C., and Wang, Y. (2013). Xin shiqi jicheng hongyang Daqing jingshen tieren jingshen de shijian yu yanjiu [Practice and research on inheriting the spirit of Daqing and the spirit of iron men in the new era]. Daqing Shehui Kexue, 3, 25–29.

Song, T. (2012). A changing Europe and its relations with China. Remarks at the seminar on situation in Europe and China-Europe relations. Embassy of the PRC in the Kingdom of Denmark. 16 Aug. Retrieved 29 Oct. 2017 from https://www.fmprc.gov.cn/ce/cedk/ eng/TourChina/t961116.htm.

Sorokin, V. (2006). *Den' oprichnika* [Day of the oprichnik]. Moscow: Litres.

Sorokin, V. (2008). *Sakharnyi Kreml'* [The sugar kremlin]. Moscow: AST.

Sorokin, V. (2013). *Telluria* [Telluria]. Moscow: AST.

Stalin, I. (1952). Politicheskiy otchet Tsentral'nogo Komiteta XIV s'yezdu VKP(b) [Political report of the central committee at the 14th congress of the all-union communist party]. In I. Stalin (Ed.), *Sochineyniya* [Works] (pp. 261–352). Retrieved from http:// grachev62.narod.ru/ stalin/t7/t7_32.htm. [Accessed 11 Nov. 2017].

State Council of the PRC (2005). Zhongguo de Heping Fazhan Dalu [China's path of peaceful development]. Beijing, 23 Dec.

State Council of the PRC (2007). Zhonghua Renmin Gonghe Guo Jieyue Nengyuan Fa (xiuzheng an) [Energy conservation law of the People's Republic of China (Amended)]. 28 Oct.

State Council of the PRC (2009). Zhonghua Renmin Gonghe Guo Kezaisheng Nengyuan Fa (xiuzheng an) [Renewable energy law of the People's Republic of China (Amended)]. 26 Dec.

State Council of the PRC (2012). Zhongguo de Nengyuan Zhengce 2012. Baipishu (zhongwen) [China's energy policy. White paper. Full text.] Beijing, 24 Oct.

State Council of the PRC (2015). Vision and actions on jointly building silk road economic belt and 21st century maritime silk road. 28 March. Retrieved from http://en.ndrc.gov.c n/ newsrelease/201503/t20150330_669367.html. [Accessed 4 August. 2018].

Stoddard, E. (2013). Reconsidering the ontological foundations of international energy affairs: realist geopolitics, market liberalism and a politico-economic alternative. European Security, 22(4), 437–463.

Stokes, D., and Raphael, S. (2010). Global energy security and American hegemony. Baltimore, MD: JHU Press.

Strong, A. L. (1963). Letters from China. Peking: New World Press. Retrieved 19 Nov. 2017 from https://www.marxists.org/reference/archive/strong-anna-louise/1963/let ters_china/ index.htm.

Suleev, D. (2009). Lider natsii – eto real'nost, interview s Darkhanom Kaletayevim [Leader of the nation: it is reality, an interview with Darkhan Kaletayev], Izvestia, 25 September.

Sullivan, C. J. (2017). State-building in the steppe: challenges to Kazakhstan's modernizing aspirations. Strategic Analysis, 41(3), 273–284.

Surkov, V. (2006). Suverenitet – eto politicheskiy sinonim konkurentosposobnosti. [Sovereignty is a political synonym for competitiveness]. *Politnauka.* 7 Feb. Retrieved from http://www. politnauka.org/library/public/surkov.php. [Accessed 14 June 2016].

Syroezhkin, K. (2010). Kazakhstan – Kitay: ot prigranichnoy torgovli k strategicheskomu partnerstvu. V formate strategicheskogo partnerstva [Kazakhstan–China: from cross-border trade to strategic partnership. In the framework of a strategic partnership]. Almaty: Kazakhstan Institute of Strategic Studies.

Tabata, S. (2006). *Dependent on oil and gas: Russia's integration into the world economy*, Vol. 11. Hokkaido: Slavic Research Center, Hokkaido University.

Tabata, S. (2009). The influence of high oil prices on the Russian economy: a comparison with Saudi Arabia. *Post-Soviet Geography and Economics*, 50(1), 75–92.

Tannenwald, N. (2007). The nuclear taboo: The United States and the non-use of nuclear weapons since 1945. Cambridge: Cambridge University Press.

Temirkhanov, M. (2014a). Za chto Kazakhstan poluchil resursnoye proklyatiye [How did

Kazakhstan receive a resource curse]. Forbes.kz. 28 August. Retrieved from https:/ /forbes.kz/process/economy/za_chto_kazahstan_poluchil_resursnoe_proklyatie/. [Accessed 16 May 2018].

Temirkhanov, M. (2014b). Kazakhstan idet po grablyam neftyanykh arabskikh stran [Kazakhstan repeats mistakes of oil Arab countries]. 20 January. Retrieved from https ://forbes.kz/process/economy/kazahstan_idet_po_grablyam_neftyanyih_ arabskih_ stran/. [Accessed 16 May 2018].

Temirkhanov, M. (2015). Kak Kazakhstanu izbavit'sya ot resursnogo proklyatiya [How can Kazakhstan get rid of the resource curse]. Forbes.kz. 29 August. Retrieved from https://forbes.kz/process/expertise/kak_kazahstanu_izbavitsya_ot_resursnogo_prok lyatiya/. [Accessed 16 May 2018].

TengriNews.kz (2013). Dolya kitayskikh kompaniy v neftyanoy otrasli Kazakhstana v 2013 godu prevysit 40 protsentov [The share of Chinese companies in the oil industry of Kazakhstan in 2013 will exceed 40 percent]. 1 January. Retrieved from https://te ngrinews.kz/money/dolya-kitayskih-kompaniy-neftyanoy-otrasli-kazahstana-2013 -226309/. [Accessed 17 July 2018].

Terner, S. (Author) and Yevsyukov, A. (Director). (2015). *Energiya Velikoy Pobedy* [Energy of the great victory]. [Motion picture]. Moscow: All-Russia State Television and Radio Broadcasting Company.

Texler, A. (2015). Nerazmennyy barrel'. Rossii ne nado snizhat' dobychu i eksport nefti. Interv'yu Rossiyskoy Gazete. [Unredeemable barrel. Russia does not need to reduce the production and export of oil. Interview Rossiyskaya Gazeta]. *Rossiyskaya Gazeta*. 21 Jan. Retrieved from https://rg.ru/2015/01/22/texler.html. [Accessed 12 Sept. 2018].

Tian, Y. (2007). Zhong-E guanxi de xianzhuang, tedian ji qianjing [The status quo of Sino-Russian relations: characteristics and prospects]. *Eluosi yanjiu*, 3, 40–41.

Tokayev, K-J. (2008). Svet i Ten′: Ocherki kazakhstanskogo politika [Light and shadow. Essays on Kazakhstani politics]. Almaty: Vostok-Zapad.

Torfing, J. (1999). New theories of discourse: Laclau, Mouffe and Žižek. Oxford: Blackwell Publishers.

Torguzbayev, K. (2011). Volny zabastovki v kompanii «Karazhanbasmunay» doshli do Almaty [Waves of the strike at Karazhanbasmunai reached Almaty]. Azattyq. 30 May. Retrieved from https://rus.azattyq.org/a/karazhanbas_oil_workers_strike_/ 24209265 .html. [Accessed 17 March 2018].

Torguzbayev, K. (2013). Zakash Kamalidenov: "V otlichiye ot Zhanaozena v dekabre 86-go my ne pozvolili strelyat'" [Zakash Kamalidenov: unlike the 1986 Zhanaozen we were not allowed to shoot]. Azattyq. 26 January. Retrieved from https://rus.azattyq.org/ a/zhakash_kamalidenov_zhanaozen_iojzen_/24462775.html. [Accessed 17 March 2018].

Trenin, D. (2012). *Vernyye druz'ya? Kak Rossiya i Kitay vosprinimayut drug druga*. [True partners? How Russia and China see each other]. Moscow: Center for European Reforms.

Trenin, D. (2016). Vneshnyaya politika Rossii v blizhaishie pyat let: tceli, stimuli, orientiry. [Russia's foreign policy in the next five years: goals, incentives, guidelines]. Apr. 29. Retrieved from http://www.globalaffairs.ru/global-processes/Vneshnyaya-politikaRossii-v-blizhaishie-pyat-let-tceli-stimuly-orientiry-18128. [Accessed 11 Nov. 2017].

Tsomaya, M. A. (2014). Kitay: partner ili konkurent? [China: partner or competitor?]. *Vestnik RGGU. Seriya «Politologiya. Istoriya. Mezhdunarodnyye otnosheniya. Zarubezhnoye regionovedeniye. Vostokovedeniye»*, 7(129), 217–222.

Tsygankov, A. P. (2010). Russia's foreign policy: change and continuity in national identity. Lanham, MD: Rowman and Littlefield.

Urnov, M. (2014). 'Greatpowerness' as the key element of Russian self-consciousness under Erosion. *Communist and Post-Communist Studies*, 47(3–4), 305–322.

Van de Graaf, T. (2012). Obsolete or resurgent? The International Energy Agency in a changing global landscape. Energy Policy, 48, 233–241.

Victor, D. G., and Yueh, L. (2010). The new energy order. Foreign Affairs, 89(1), 61–73.

Vinogradov, Ye. (2009). Neft' zakonchit'sya mozhet, a prezident net [Oil can end, but the president does not]. *Deutsche Welle*. 4 July. Retrieved from https://www.dw.com/ru/блогозрение-нефть-закончиться-может-а-президент-нет/a-4456242.

Voskresenski, A. D. (2015). Rossiysko-kitayskiye otnosheniya v kontekste aziatskogo vektora rossiyskoy diplomatii (1990–2015) [Russian-Chinese relations in the context of the Asian vector of Russian diplomacy (1990–2015)]. *Sravnitel'naya Politika/ Comparative Policy*, 1(18), 32–52.

Wæver, O. (1997). Alexander Wendt: a social scientist struggling with history. In I. B. Neumann and O. Wæver (Eds.) The future of international relations: masters in the making? (pp. 269–289). London; New York: Routledge.

Wæver, O. (2002). Identity, communities and foreign policy: discourse analysis as foreign policy theory. In L. Hansen and O. Wæver (Eds.) European integration and national identity: the challenge of the Nordic states (pp. 20–49). London: Routledge.

Wæver, O. (2004). Aberystwyth, Paris, Copenhagen New Schools in Security Theory and the Origins between Core and Periphery. Paper presented at the ISA Conference Montreal.

Walker, R. B. J. (1993). Inside/outside: international relations as political theory. Cambridge: Cambridge University Press.

Waltz, K. (1979). Theory of international politics. New York: McGraw-Hill.

Wang, D., Chai, Y., and Li, F. (2011). Built environment diversities and activity–travel behaviour variations in Beijing, China. Journal of Transport Geography, 19(6), 1173–1186.

Wang, H. (2009). Zhong-E guanxi: Zhanlüe jichu yu fazhan qushi [Sino-Russian relations: strategic basis and trends]. *Eluosi yanjiu*, 156(2), 3–9.

Wang, K. (2009). Daqing jingshen yu Tieren jingshen de jiben neihan [The basic connotation of Daqing spirit and iron man spirit]. Daqing Shehui Kexue, 3, 51–53.

Wang, L. (2006). Eluosi Dongfang nengyuan waijiao yu Zhong-E nengyuan hezuo [Russian far eastern energy diplomacy and sino-Russian energy cooperation]. *Xiandai Guoji Guanxi*, 8, 8–13. Retrieved from http://www.cssn.cn/gj/gj_gjwtyj/ gj_elsdozy /201311/t20131101_819700.shtml. [Accessed 23 Oct. 2018].

Wang, M., Chen, Z., Zhang, P., Tong, L., and Ma, Y. (2014). Daqing model of industrial chain extension. In Wang, Mark, Zhiming Chen, Pingyu Zhang, Lianjun Tong, and Yanji Ma (eds) Old industrial cities seeking new road of industrialization: models of revitalizing northeast China (pp. 107–140). Singapore: World Scientific.

Wang, S., and Wan, Q. (2013). Lun xinxing Zhong-E guanxi de weilai zouxiang: Jieban haishi jiemeng? [On the future direction of the new Sino-Russian relationship: companions or allies?] *Dangdai yatai*, 4, 4–22.

Wang, X. (2008). Zhong Ya shiyou hezuo yu Zhongguo nengyuan anquan zhanlue [Central Asia petroleum cooperation and China's energy security strategy]. Guoji jingji hezuo, 6, 41–46.

Wang, Y. (2013). Jianchi zhengque yi li guan jiji fahui fu zeren daguo zuoyong – shenke linghui Xi Jiping tongzhi guanyu waijiao gongzuo de zhongyao jianghua jingshen [Adhere to the correct view of justice and interests and actively play the role of a responsible great country – profoundly understand the spirit of Comrade Xi Jinping's important speech on diplomatic work]. Renmin Ribao. 10 Nov. Retrieved 17 Oct. 2017 from http://opinion.people.com.cn/n/2013/0910/c1003-22862978.html.

Wei, L., and Liu, Q. (2006). Zhong Ya diqu de nengyuan zhengduo yu Zhongguo nengyuan anquan [Energy competition in central Asia and China's energy security]. Shijie jingji yu zhengzhi luntan, 6, 73–78.

Wei, L., and Liu, Q. (2006). Zhong Ya diqu de nengyuan zhengduo yu Zhongguo nengyuan anquan [Energy competition in Central Asia and China's energy security]. Shijie jingji yu zhengzhi luntan, 6, 73–78.

Weitz, R. (2006). Averting a new great game in central Asia. Washington Quarterly, 29(3), 155–167.

Wen, J. (2006). Quanmian luoshi kexue fazhan guan jiakuai jianshe huanjing youhao xing shehui [Fully implement the scientific development concept and accelerate the construction of an environment-friendly society]. 17 Apr. Retrieved 20 Sept. 2017 from http://www.gov.cn/gongbao/content/2006/content_303476.htm.

Wen, J. (2007a). Work in partnership to promote win–win cooperation. Speech at the 2nd East Asia Summit, 15 January 2007, Cebu, Philippines. MFA of the PRC. Retrieved 22 Sept. 2017 from https://www.fmprc.gov.cn/mfa_eng/wjdt_665385/ zyjh_665391/ t290183.shtml.

Wen, J. (2007b). Xieshou hezuo gongtong chuangzao ke chixu fazhan de weilai – zai di san jie Dong-Ya fenghui shang de jianghua [Working together to create the future of sustainable development. Speech at the 3rd East Asia Summit, 21 Nov. 2007, Singapore], pp. 999–1001. In Shizheng wenxian ji lan (2007 nian 3 yue – 2008 nian 3 yue) [Current political literature collection (March 2007–March 2008)]. Beijing: Xinhua Publishing House.

Wenar, L. (2016). Blood oil: tyranny, resources, and the rules that run the world. New York: Oxford University Press.

Wendt, A. (1995). Constructing international politics. International Security, 20(1), 71–85.

Wendt, A. (1999). Social theory of international politics. Cambridge: Cambridge University Press.

Williams, C. (2009). Russia's closer ties with China: the geo-politics of energy and the implications for the European Union. *European Studies*, 27, 151.

window]. *Interview to Rossiyskaya Gazeta*. 25 Dec.

Wishnick, E. (2009). Competition and cooperative practices in Sino-Japanese energy and environmental relations: towards an energy security "risk community"?. The Pacific Review, 22(4), 401–428.

Wishnick, E. (2017). In search of the 'Other'in Asia: Russia–China relations revisited. *The Pacific Review*, 30(1), 114–132.

World Bank (2018). Kazakhstan. Overview. Retrieved from https://www.worldbank.org/ en/country/kazakhstan/overview. [Accessed 10 March 2017].

Wu, D. (2006). Zhong-E zhanlue xiezuo huoban guanxi: Shi nian shijian de lishi kaocha [Sino-Russian strategic partnership of cooperation: a historical study of ten years of practice]. *Eluosi Zhong Ya Dong Ou Yanjiu*, 3, 1–9. Retrieved from http://www.cssn.cn /gj/gj_gjwtyj/gj_elsdozy/201311/t20131101_819676.shtml. [Accessed 23 Oct. 2018].

Wu, L. (2009). Nengyuan an'quan tixi jiangou de lilun yu shijian [Theory and practice of energy security system construction]. Alabo shijie yanjiu, 1, 36–44. Retrieved 12 Oct. 2018 from http://mideast.shisu.edu.cn/upload/article/28/e6/d5e55c634ade9670 158 edd936f7b/8af566d2-d8fa-48c5-afbc-227f04f4e2ca.pdf

Wu, L. (2013). Zhongguo nengyuan anquan mianlin de zhanlue xingshi yu duice [Strategic situations and countermeasures for China's energy security]. Guoji Anquan Yanjiu, 5, 62–75.

Wu, X. (2009). Nuli zuo hao jieneng jian pai zhe pian da wenzhang: Xuexi shijian kexue fazhan guan luntan [Work hard to do a good job in energy saving and emission reduction: learning and practicing scientific development concept forum]. Renmin Ribao, 23 Jan.

Wu, X. (2014a). Pojie nanti zhuzhong shixiao jiji tuijin fenbu shi guangfu fadian jiankang fazhan – zai fenbu shi guangfu fadian xianchang (Zhejiang, Jiaxing) jiaoliu hui shang de jianghua [Solving the problem, paying attention to practical results, actively promoting the healthy development of solar power generation. A speech at Zhejiang, Jiaxing.] Zhongguo jingmao dao kan, 25, 5–9.

Wu, X. (2014b). Zhuan fangshi diao jiegou cu gaige, qiang jianguan bao gongji hui min sheng zha: Shi zuo hao 2014 nian nengyuan gongzuo [Change model of development, regulate the structure, and stimulate reforms, strong supervision and protection to provide benefits to the people: doing a good job in energy work in 2014]. Zhongguo meitan gongye/ China's coal industry, 3, 4–7.

Wu, X. (2014c). Jiji tuidong nengyuan shengchan he xiaofei geming – shenru xuexi guanche Xi Jinping tongzhi guanyu nengyuan gongzuo de zhongyao lunshu [Actively promoting the energy production and consumption revolution: an in-depth study and implementation of Comrade Xi's important discussion on energy work]. Zhongguo jingmao dao kan, 28, 4–5.

Wu, X. (2014d). Tongyi sixiang mingque renwu gaige chuangxin kexue mouhua "shisanwu" nengyuan fazhan [Unified thinking, clear tasks, reforms, innovation, and scientific planning: energy development in the 13th Five-Year plan]. Zhongguo jingmao dao kan, 18, 4–7.

Xi, J. (2009). Xi Jiping zai Daqing youtian faxian 50 zhounian qingzhu dahui shang de jianghua [Xi Jinping's speech at the celebration of the 50th anniversary of Daqing Oilfield]. Reming Ribao, 22 Sept. 2009. Retrieved 18 Nov. 2017 from http://energy.p eople.com.cn/GB/71899/152923/10110428.html.

Xi, J. (2013). Shunying shidai, qianjin chaoliu, cujin shijie heping fazhan – zai Mosike Guoji Guanxi Xueyuan de yanjiang (Mosike) [Conform with the trends of the times and promote the peaceful development of the world. Speech at MGIMO University, Moscow]. *Renmin Ribao*, 23 March. Retrieved from http://cpc.people.com.cn/xuexi/n /2015/0721/c397563-27337993.html [Accessed 21 Oct. 2017].

Xi, J. (2013a). Promote friendship between our people and work together to build a bright future. Speech at Nazarbayev university. Ministry of Foreign Affairs of the PRC. 7 September. Retrieved from http://www.fmprc.gov.cn/mfa_eng/wjdt_665385/zyjh_6 65391/t1078088.shtml. [Accessed 26 July 2018].

Xi, J. (2013a). Xieshou hezuo gongtong fazhan. Zai jinzhuanguojia lingdaoren de wu ci huiwu shi de zhuzhi jianghua zhonghua renmin gongheguo zhuxi [Work hand in hand for common development. Speech at the 5th meeting of BRICS leaders], 28 March. Ministry of Foreign Affairs of the PRC. Retrieved 22 Sept. 2017 from https://www.fmp rc.gov.cn/web/gjhdq_676201/gj_676203/yz_676205/1206_677220/1209_677230/t102 5978.shtml.

Xi, J. (2013b). 2014 Nian Xinnian Heci [The 2014 new year's greetings]. The Central People's Government of the PRC. 31 Dec. Retrieved 26 July 2018 from http://www .gov.cn/ldhd/2013-12/31/content_2557924.htm.

Xi, J. (2013b). Hongyang "Shanghai jingshen" cujin gongtong fazhan – zai Shanghai Hezuo Zuzhi chengyuan guo yuanshou lishi hui di 13 ci huiyi shang de jianghua, Bishenkake [Promote the "Shanghai Spirit" and promote common development. Speech at the 13th meeting of the Heads of State Council of the Shanghai cooperation organization, Bishkek]. Renmin Ribao. 13 September. Retrieved from http://cpc.people.com.cn/xuexi /n/2015/0721/c397563-27338283.html.

Xi, J. (2013c). Hongyang "Shanghai jingshen" cujin gongtong fazhan. Zai Shanghai Hezuo Zuzhi chengyuan guo yuanshou lishi hui di 13 ci huiyi shang de jianghua, Bishenkake [Promote the "Shanghai Spirit" and promote common development. Speech at the 13th meeting of the Heads of State Council of the Shanghai Cooperation Organization, Bishkek]. Renmin Ribao, 13 Sept. Retrieved from http://cpc.people.com.cn/xuexi/n/20 15/0721/c397563-27338283.html.

Xi, J. (2014). Ning xin ju li jingcheng xiezuo tuidong Shanghai Hezuo Zuzhi zai Shang xin taijie [Concentrate on cooperation, promote the Shanghai cooperation organization to a new level]. Renmin Ribao. 13 September. Retrieved from http://cpc.people.com.cn/n /2014/0913/c87228-25653522.html. [Accessed 11 October 2017].

Xi, J. (2014a). Jiji shuli yazhou anquan guan gang chuang anquan hezuo xin jumian. Zai Yazhou xianghuxiezuo yu xinren cuoshi huiyi disici fenghui shang de jianghua [Actively establish an Asian security concept and create a new situation of security cooperation. Speech at the 4th summit meeting of the Conference on Confidence-Building Measures in Asia]. Ministry of Foreign Affairs of the PRC, 21 May. Retrieved 9 Sept. 2017 from https://www.fmprc.gov.cn/ce/cese/chn/zts/yxfh/t115 8248.htm.

Xi, J. (2014b) Ning xin ju li jingcheng xiezuo tuidong Shanghai Hezuo Zuzhi zai Shang xin taijie [Concentrate on cooperation, promote the Shanghai Cooperation Organization to a new level]. Renmin Ribao. 13 Sept. Retrieved 11 Oct. 2017 from http://cpc.people.co m.cn/n/2014/0913/c87228-25653522.html.

Xi, J. (2014c). The governance of China. Beijing: Foreign Languages Press.

Xi, J. (2015). Towards a community of common destiny and a new future for Asia. Speech at the 2015 Boao forum for Asia. Xinhua. 28 March. Retrieved from http://www.xinh uanet.com/english/2015-03/29/c_134106145.htm. [Accessed 26 July 2018].

Xi, J. (2015). Zayavleniya dlya pressy po itogam rossiysko-kitayskikh peregovorov [Press statements following Russian-Chinese talks]. *Kremlin.ru*. 8 May. Retrieved from http:/ / kremlin.ru/events/president/transcripts/49433. [Accessed 2 Nov. 2017].

Xi, J. (2015a). Towards a community of common destiny and a new future for Asia. Speech at the 2015 Boao Forum for Asia. Xinhua. March 28. Retrieved 26 July 2018 from http:/ /www. xinhuanet.com/english/2015-03/29/c_134106145.htm.

Xi, J. (2015b). Gong hui shijie nengyuan biange de xin lantu [Drawing a new blueprint for world energy change]. Renmin Ribao. 9 Nov. Retrieved 11 Oct. 2017 from http://paper .people. com.cn/zgnyb/html/2015-11/09/content_1631476.htm.

Xi, J. (2015c) Mou gongtong yong xu fazhan zuo hezuo gong ying huoban. Zai Lianheguo fazhan fenghui shang de jianghua [Seeking common sustainable development and win-win partnership. Speech at the United Nations Development Summit], New York, 26 Sept.

Xi, J. (2015d). Xi Jinping zai Zhong-Ri youhao jiaoliu dahui shang de jianghua (quanwen) [Speech at the China-Japan friendship exchange conference (full text)]. MFA of the PRC. 23 Apr. Retrieved 23 Oct. 2018 from https://www.fmprc.gov.cn/ web/gjhdq_ 676201/gj_676203/ yz_676205/1206_676836/1209_676846/t1266334.shtml.

Xi, J. (2016). Goujian chuangxin, huoli, liandong, baorong de shijie jingji. Xi Jinping zhuxi guanyu 20 guo jituan lingdao ren Hangzhou fenghui de zhongyao lunshu [Building an innovative, vigorous, linked and inclusive world economy. speech at the summit of the G20 leaders in Hangzhou]. Renmin Ribao. 17 Aug. Retrieved 2 Nov. 2017 from http:// cpc.people. com.cn/n1/2016/0817/c64094-28641538.html.

Xi, J. (2016a). Goujian chuangxin, huoli, liandong, baorong de shijie jingji – Xi Jinping zhuxi guanyu 20 guo jituan lingdao ren Hangzhou fenghui de zhongyao lunshu [Building an innovative, vigorous, linked and inclusive world economy. Speech at the summit of the G20 leaders in Hangzhou]. Renmin Ribao. 17 August. Retrieved from http://cpc .people.com.cn/ n1/2016/0817/c64094-28641538.html. [Accessed 2 November 2017].

Xi, J. (2016b). Puxie Zhong-Wu youhao xin hua zhang [Writing the new chapter in SinoUzbekistan friendship]. Renmin Ribao. 22 June. Retrieved from http://cpc.people.com .cn/n1/2016/0622/c64094-28467564.html. [Accessed 11 August 2018].

Xi, J. (2017). Secure a decisive victory in building a moderately prosperous society in all respects and strive for the great success of socialism with Chinese characteristics for a new era, Oct. 18, 2017. [PDF file] Retrieved 26 July 2018 from http://www.xinhuanet .com/ english/download/Xi_Jinping's_report_at_19th_CPC_National_Congress.pdf.

Xi, J. (2017). Ukreplyat' obshchnost' interesov. Interv'yu Rossiyskoy Gazete. [Strengthen community of interest. Interview with Rossiyskaya Gazeta]. *Rossiyskaya Gazeta*. 2 July. Retrieved from https://rg.ru/2017/07/02/si-czinpin-kitaj-i-rossiia-dolzhny-ukrep liat-obshchnost-interesov.html. [Accessed 12 Aug. 2018].

Xi, J. (2017a). Work together to build the silk road economic belt and the 21st century maritime silk road. The Opening Ceremony of the Belt and Road Forum for International Cooperation. 14 May.

Xi, J. (2017b). May China-Kazakhstan relationship fly high toward our shared aspirations. Signed article in the Kazakh newspaper Aikyn Gazeti. 8 June.

Yan, S. (2016). Zhongguo nengyuan anquan yu zhoubian guojia de nengyuan hezuo guanxi yanjiu [Research on energy cooperation between China's energy security and neighboring countries]. *Gaige yu Zhanlue*, 8, 31–34.

Yan, S. (2016). Zhongguo nengyuan anquan yu zhoubian guojia de nengyuan hezuo guanxi yanjiu [Research on energy cooperation between China's energy security and neighboring countries]. Gaige yu Zhanlue, 8, 31–34.

Yan, X. (2013). For a new bipolarity: China and Russia vs. America. *New Perspectives Quarterly*, 30(2): 12–15. Yanitskiy, O. N. (2010). Izmenyayushchiysya mir Rossii: resursy, seti, mesta [The changing world of Russia: resources, networks, places]. *Mir Rossii. Sotsiologiya. Etnologiya*, 19(3), 3–22.

Yang, C. (2014). Zhongguo he Eluosi zai Zhong Ya de nengyuan guanxi ji qianjing zhanwang

[Energy relations and prospects of China and Russia in Central Asia]. Xinjiang shehui kexue, 3, 87–92.

Yang, J. (2008). "Shanghai jingshen" de yongheng meili – jinian Shanghai hezuo zuzhi chengli 7 zhounian [The eternal charm of "Shanghai Spirit." commemorating the 7th anniversary of the establishment of Shanghai cooperation organization]. Renmin Ribao, 16 June. Retrieved 12 Sept. 2017 from http://world.people.com.cn/GB/1030/ 7383613.html.

Yang, J. (2008). "Shanghai jingshen" de yongheng meili – jinian Shanghai hezuo zuzhi chengli 7 zhounian [The eternal charm of "Shanghai Spirit." commemorating the 7th anniversary of the establishment of Shanghai cooperation organization]. Renmin Ribao. 16 June. Retrieved from http://world.people.com.cn/GB/1030/7383613.html [Accessed 12 September 2017].

Yang, J. (2009). Hongyang xin Zhongguo waijiao youxiu chuantong zuo hao xin xingshi xia de waijiao gongzuo [Carry forward the outstanding tradition of China's diplomacy and do a good job in the diplomatic work under the new situation]. Renmin Ribao, 5 Sept. Retrieved from http://world.people.com.cn/GB/8212/9491/142315/9992496. html.

Yang, J. (2010). Yang Jiechi da Zhongwai jìzhe wen (2010 nian) [Yang Jiechi's press conference with Chinese and foreign journalists, 2010]. 6 March.

Yang, J. (2011). Heping Fazhan: Zaofu Zhongguo, Zaofu Shijie. [Peaceful development: benefit China, benefit the world]. "Zhongguo de Heping Fazhan" Baipishu Zuotanhui Fayan Zhaibian [Lecture at the symposium on "China's Peaceful Rise" white paper]. Renmin Ribao, 16 Sept.

Yang, J. (2012a). Yang Jiechi jiu woguo duiwai zhengce he duiwai guanxi wenti da jizhe wen [Yang Jiechi's remarks on China's foreign policy and foreign relations, press conference]. 31 March.

Yang, J. (2012b). Shizhong bu yu zou heping fazhan daolu (xuexi guanche shiba da jingshen) [Always follow the path of peaceful development. Learning and implementing the spirit of the 18th National Congress]. Reming Ribao, 14 Dec.

Yankov, A. G. (2010). Sinofobiya-rusofobiya: real'nost' i illyuzii [Sinophobia-Russophobia: reality and illusions]. *Sotsiologicheskiye issledovaniya*, 3, 65–71.

Yeh, K. C. (1962). Communist China's petroleum situation. Santa Monica, CA: Rand Corporation.

Yelyubayev, Z. H. S. (2016). Voprosy obespecheniya natsional'noy bezopasnosti v sfere nedropol'zovaniya v Respublike Kazakhstan [Issues of ensuring national security in the area of subsurfaction in the Republic of Kazakhstan]. Russian Juridical Journal Rossijskij Juridiceskij Zurnal, 108(3), 77–83.

Yemelianova, G. M. (2014). Islam, national identity and politics in contemporary Kazakhstan. Asian Ethnicity, 15(3), 286–301.

Yeomans, M. (2004). Oil: anatomy of an industry. New York: New Press.

Yergin, D. (2011a). The Prize: the epic quest for oil, money and power. New York: Simon and Schuster.

Yergin, D. (2011b). The Quest: energy, security, and the remaking of the modern world. London: Penguin.

Yudenich, M. (2007). *Neft'* [Oil]. Moscow: Populyarnaya Literatura.

Yue, L., and Yang, F. (2016). "Sichou zhi lu jingji dai" Zhongguo yu Zhong Ya wu guo nengyuan hezuo de jingyan jiejian ji lujing tanxi – jiyu diyuan jingji shijiao [Experience and development of "Silk Road Economic Belt" energy cooperation between China and five Central Asian countries. Based on geo-economic perspectives]. Renwen zazhi, 9, 23–32.

Zaidi, S. M. A. (2010). Tribalism, Islamism, leadership and the Assabiyyas. Journal for the Study of Religions and Ideologies, 9(25), 133–154.

Zakon.kz (2008). Valeriy Kotovich: "V poiskakh zolotoy serediny" [Searching for a golden mean]. 26 February. Retrieved from: https://www.zakon.kz/105470-valerijj-kot ovich-v-poiskakh-zolotojj.html. [Accessed 12 August 2018].

Zehfuss, M. (2001). Constructivism and identity: a dangerous liaison. European Journal of International Relations, 7(3), 315–348.

Zha, D. (2005a) Xianghu yilai yu Zhongguo de shiyou gongying an'quan [Interdependence and China's oil supply security]. Shijie Jingji yu Zhengzhi, 15–20.

Zha, D. (2005b). Cong guoji guanxi jiaodu kan Zhongguo de nengyuan an'quan [China's energy security from the perspective of international relations]. Guoji Jingji Pinglun, 28–32.

Zhang, C. (2015). The domestic dynamics of China's energy diplomacy. Singapore: World Scientific Publishing Co.

Zhang, G. (2008a). Kaizhan nengyuan hezuo cujin jingji fazhan [Carry out energy cooperation and promote economic development]. Zhongguo shiyou qiye / China Petroleum Enterprise, 8, 15–17.

Zhang, G. (2008b). Zhongguo de nengyuan guanli he nengyuan jiegou tiaozheng [China's energy management and energy structure adjustment]. Zhongguo fazhan guancha, 4, 26–28.

Zhang, G. (2008c). Jieyue nengyuan tigao nengxiao [Save energy, improve energy efficiency]. Zhongguo keji touzi, 8, 7.

Zhang, G. (2009). Zhongshi xin nengyuan fazhan [Paying attention to the development of new energy]. Shidai Qiche / Auto Time, 4, 43.

Zhang, G. (2012a). Wei Zuguo jingji tengfei tigong nengyuan baozhang [Providing energy security for the motherland's economic take-off]. Remin Ribao, 13 June.

Zhang, G. (2012b). Woguo nengyuan jiegou tiaozheng yao xia da juexin [Transformation of China's energy structure]. Zhongguo he gongye/ China Nuclear Industry, 11, 10–13.

Zhang, H. (2007). Eluosi nengyuan zhuangkuang yu nengyuan zhanlue tan wei. [Russia's energy situation and energy strategy]. *Eluosi, Zhong Ya, Dong Ou yanjia*, 5, 38–43. Retrieved from http://www.cssn.cn/gj/gj_gjwtyj/gj_elsdozy/201311/ t20131101 _818576.shtml. [Accessed 9 Aug. 2018].

Zhang, N., and Zhang, B. (2015). Zhong-E nengyuan hezuo de chan rong jiehe moshi yanjiu – yi shiyou gongye wei li [Research on the combination of industry and finance in Sino-Russian energy cooperation. Taking the petroleum industry as an example]. Dongbei ya xue kan, 6, 53–58.

Zhang, Z. (2012). The overseas acquisitions and equity oil shares of Chinese national oil companies: a threat to the West but a boost to China's energy security?. Energy Policy, 48, 698–701.

Zhao, H. (2006). Guanyu Zhong-Mei nengyuan hezuo de ji dian sikao [Reflections on Sino-US energy cooperation]. Xiandai guoji guanxi, 1, 47–53.

Zhao, W. (2014). E – Mei – Zhong Ya zhengce dui Zhongguo nengyuan anquan de yingxiang

[The impact of Russia-US-Central Asia policy on China's energy security]. Xiboliya yanjiu, 6, 48–51.

Zheng, Y. (2008). *Pujing shidai* [Putin's era]. Beijing: Beijing jingji guanli chubanshe.

Zhong, Sheng (2014). Fuxing si lupu xin pian [Writing a new chapter on the silk road]. People's Daily. June 28. Retrieved from: http://opinion.people.com.cn/ n/2014/0628/ c1003-25211591. html. [Accessed 26 July 2018].

Zhou, L. (2012). Kitay ne mozhet razvivat'sya v otryve ot vsego mira, takzhe i mirovoye razvitiye neotdelimo ot Kitaya [China cannot develop in isolation from the whole world and also the world development is inseparable from China]. Embassy of the PRC in the RK. 9 July. Retrieved from http://kz.china-embassy.org/rus/sgxx/sgdt/t967240.htm. [Accessed 18 May 2018].

Zhou, X. (2013). Forgotten voices of Mao's great famine, 1958–1962: an oral history. New Haven: Yale University Press.

Zweig, D., and Bi, J. (2005). China's hunt for global energy. Foreign Affairs, 84(5), 25–38.

Zweig, D., and Hao, Y. (2015). Sino-US energy triangles: resource diplomacy under hegemony. London; New York: Routledge.